地方志災異資料叢刊

第二編

9

于春媚 賈貴榮 編

國家圖書館出版社

第九冊目録

（清）婁一均修　（清）周翼纂

【康熙】鄒縣志

清康熙五十五年（1716）刻本

災亂誌

敘曰春秋紀災異季流陳水旱示天戒也一邑之乘敢以爲鳳凰嘉禾爲倭哉至於盜賊兵火尤關治亂不可不紀鄒在明初以前僅聞其略以近事觀之萬山纍纍爲逋逃藪一歲不稔嘯聚憑焉啟 闖鼠卜風占之術接踵猖獗爲山東奇變驚魂未定蔡姚豕突楊焦蔓延至于家爲盜人相食天災人害相繼數十年真此方陽九哉自我

朝神威遐播歌咏太平休養安全民氣和樂萬年無不順

歲災荒疊見屢蒙
恩詔賑濟蠲租幸無賦鴻雁而愁仳離之厄令斯邑者
爲未雨綢繆之計其在講積貯以備凶荒乎爲

災亂志

劉宋時司馬叔璵與彭城劉謐劉懷玉等自番城攻
鄒山魯郡太守徐邕失守劉鍾率軍討平之孝
建元年兗州刺史徐遺寶與南郡王義宣結連爲
逆垣護之自歷城領軍襲遺寶道經鄒山破其戍
北魏元嘉二十七年魏主拓跋燾自率大兵于十一
月至鄒山鄒山戍主宣威將軍魯陽平二郡太守

惟邪利敗沒齒登鄒山見秦皇刻石使人擊仆之
明永樂十八年庚子歲大饑十室九空男女持筐筥
盈路拾草實爲食時仁宗爲太子被召還過鄒見之
駐馬問所需民對曰歲饑以爲食太子惻然下馬
入民舍視民男女老幼皆衣百結不蔽體竈釜傾
仆不治歎息曰民隱不上聞乃一至此乎顧中官
賜之鈔悉召父老前問所苦具以實對撤尚食賜
之時山東布政使石執中來迎責之曰爲民牧視
民窮如此亦頗動念否執中言諸被災郡縣奏免
今年田租矣皇太子曰民饑且死官尚及徵租稅

耶即往督郡縣勸饑民數近地約三日遠地五日悉發官粟賑之毋懼擅發吾見上自奏也至京師即以聞成祖喜曰昔范仲淹子猶能舉麥舟濟人況吾赤子乎

正德六年流賊劉六劉七寇山東攻破郯縣當道者檄登州衛指揮戚景通以七百人來守之景通即日就道既入郯登陴誓衆嚴守備嘗以輕騎巡鄉中猝遇賊衆人請避景通不可率擊殺走之城賴以完

景通當六月過戰所僵屍枕藉衆皆掩鼻不欲近景通曰偉哉國士名與骨俱香吾誠得與同

迨允原無遠矣乃病之邪其忠勇如此子繼光復爲名將

嘉靖四十一年無麥無禾

天啟二年三月十五日地震太白經天者月餘初

萬曆年間江南豐縣有高姓者穿行於草澤中遇妖狐授以符法齋持七日則聞有異香滿室遂陰蓄逆謀合黨與鉅野人徐鴻儒蘭陵人沈智宿州人張東白丙衛人陳邦泰鄒之故縣村人侯五皆得其術布散惑人自稱聞香教即白蓮教之異名也其術能使人目見金山銀山麵山米山油泉酒井謂有皈依之者終身不貧愚民聽其煽惑爭先

附之辛亥年知縣胡繼先捕侯五以妖厭擬罪戍所悔過乃當堂啖以酒肉釋去妖黨稍戢後守土不復爲意相延十餘祀而羽翼成矣至是二年五月十一日徐鴻儒等叛鄆滕僭號改巡撫趙彥遣都司廖棟將兵一千勦之不克遂留因而襲滕張東白侯五因而襲鄒時五月十七日之而夜出自是賊據城內人皆其黨有良民不從者謂之魔頭所至焚劫屠戮無噍類及廿有四日北攻兗州府危甚幸都司楊國棟援鄆之兵適至遂飛而援兗城賊遁去至二十八日賊大舉寄營

[illegible]卒不滿千蒲子城

之東南隅以襲賊國棟咤叱陣前勇氣百倍官軍

賈其餘勇一日而奪據者三賊潰而南走國棟追

擊二十里斬首千餘級賊遂膽落嬰城固守至六

月十有三日國棟率兵南取鄒鄒城堅不可急得

而賊亦屢戰失利其渠魁已約期出降矣未幾徐

鴻儒渡河東來廖棟之兵亦躡與國棟會賊悅得

援遂出城以拒官軍兵刃方接徐鴻儒突出奇兵

以攻兩翼官軍大潰退而守兗于是徵兵萬里破

斧三騎總兵楊肇基來自沂州都司劉　來自天

津官生郭士奇來自汶陽並登萊兩廣兵集二萬有奇巡撫趙彥親臨鎮撫分守道王從義分巡道徐從治天津道來時行海防道明一井同至監軍以勦賊賊既據鄒城又蹂羊絡季寨直抵嶧山之陽連結數營與鄒犄角每攻城輙有外援功是以不集楊廖二都司乃帥精銳千餘人掩旗息鼓暗襲各營所至披靡敗賊皆聚而奔嶧恃險官軍亦遂逡巡不敢進郭士奇率汶陽義兵奮勇先登本縣千總潘櫝驅鄉兵繼之竟拔嶧山楊廖因乘勝下界河取滕縣而劉都司彭參將許千斤又協力

殲滅賊窟于兩伏山據鄒之賊至是內無食外無援十月統帥討窮寇出降時料賊則七萬餘人問鄒則五十餘處土著之民不盈百大半無男而被戮者耳先是逆賊襲鄒鄒民避難不西走濟則北走兗兗人得鄒人即指爲奸細殺而奪所有以被害之區竟視爲首亂之地究其矣賴有知府孫朝肅蒞任始拘至公庭訊是非敢有竊殺者抵死全活甚衆

【崇】元年本縣人劉思賢費縣人辛士如僭稱極法王三陽教主王運等僭稱總國元帥大名府

人張明宇詐說祖師黃法能騰雲駕霧以紅白絹布書皇極三陽號爲符驗各賊制紅面黃裏頭籠臨時表額以便認識同心歃血謀攻兗州府約王府宗室陵上人張州等入城爲內應期四月初八日東由金口壩西由草落樹兩面進攻府城以內應未至暫解謀將更舉至初九日妖黨張四海等將三陽號票出首本縣知縣黃應祥多差捕壯捉獲竹細伍與力擒妖師張明宇賊首李士功等質劉思賢孫律王鴻汶有宿州人劉守支者江北巨寇也計禦劉拱兵官軍拒捕得勝遂擁入桃源縣

殺取金帛無算又搶擄章山等集婦及紹紬後潛
匿濟寧魯橋鎮陰謀作亂十二月本縣差捕巡緝
至高村界接壤魯橋偵遇守艾踪跡可疑遂即盤
獲

五年春旱至六月初一日始雨

十三年有白氣一道從東南方貫天者三月四季
無雨三月初旬陡起黑風房舍飛擲人迷路蹤夏
生蝗蝻八月降霜九月水凍米麥一斗價三兩五
錢人食人肉饑死十有九居民相擄爲食官役捕
之竄入山谷爲盜從茲四境嘯聚歲歲不寧矣

有本縣人楊三畏焦二青倚嶧山爲寨聚衆萬餘馬十數分爲五營四哨擄掠四出兗郡及泗水曲阜諸縣皆被其害又有滕縣人王俊擁衆蒼山自號爲威鎮九山王與楊三畏遥應　泰安州賊史二有衆二千餘人爲黨所殺遂擁姚三爲首四月自泰安入鄒境遍掠庄村擄男婦向河南去至開州爲官軍敗散

十四年三春無雨怪風頻起歲又大饑斗米萬錢民茹草木路絕行人邑民夜懼賊晝懼兵賊梳兵篦無了無休終明之世

□□□□　□□乃初□□蔡賊亂傍鄒滕知縣莫儔
死之初汶上縣流寇破城乃懲丁明吾周思宣于獄
一□治二年就撫同黨數十人住滕縣覆其數乃仍行
劫殺居民擒其黨識名兵兵者刑解兖寧道正法
一蔡賊逃回汶上玉園老寨至順治三年復聚黨二
百餘人至鄒昌稱遞差大人突入鄒城坐縣堂悉
縱獄囚執知縣莫儔爲其捕賊多恨之拷掠備楚
隨支解之擄其眷屬大掠邑民而去　時有滕縣
豪富張元石遇妖僧洪和尚詐元石當奇貴遂謀
逆以洪和尚爲軍師初止百餘人後所至脅從投

名冊爲黨不從即居之數日內擁衆萬餘因以書招蔡賊蔡賊應招往行至鄒縣郭里村問曰此何地也其卒曰郭里蔡賊默然避之他道蓋以其姓與菜同音菜擺鍋而俗語郭爲鍋也至小霧（鄒地名）又問閻衆對又默然數里至大霧其地名益門疑變色曰休矣以菜遇霧而萎也急欲轉騎適沂州遊擊皮姓者率官軍至戰敗被殺于黑龍潭側元石彝亦遁餘黨俱解

四年連溝社地方五月二十一日異水暴漲橫流無論高下盈四五尺

自崇 十三年楊焦二賊之亂負固東山官兵莫能捕擾撫屢叛十有餘年至是順治八年總督張存仁巡撫夏玉

旗大兵及撥兗東道濟南府兗州府膠州各汛兵會勦諸賊兵至嶧山賊騎卒多遁去其步賊潛匿山穴官軍圍之且勦且撫賊糧盡出降督撫給以免死牌令其自相招撫餘黨悉平賊魁楊三畏與官兵戰敗於連青山常家口斬之焦二青同著山王俊爲巡撫夏玉擒誅

十三年八月地震夏侯等社大水漫天民廬淹倒

無算

康熙三年大旱八月不雨至四年五月始雨赤地千里民不聊生

朝廷差滿州大人二員捐發銀八萬兩賑濟兼蠲本年田租民始全活

七年六月十七日戌時地震有聲至子時止震坍房屋壓死鄉村男婦百餘人又震落嘐山上大石一塊其聲如雷火光一道如流星亂墜小石不計其數七月十一日夜有星落東南方形大如斗光

九年十一月冬至前一日地震有聲
十年八月初旬地震
十一年五月二十二日地震夏蝗蝻生自徐淮來
入鄒境飛則蔽天掩日止則積野折枝官民驚懼
知縣朱承命急督居民男婦老幼悉出捕捉懸賞
鼓衆一面設醮虔禱蝗被鞭死者積地盈尺飛逐
水濱溺死者幾至斷流禾麥無傷秋成得望九月
十六日地又震有聲自南而北
十九年九月西南彗星見約十日次年吳逆滅
三十四年秋有飛蝗自西南來落地尺餘知縣韓

峯起親率官民分路撲捕復捐錢給賞以示鼓勵
旬日蝗滅田禾無損
四十二年夏秋大雨七十餘日山水泛溢夏麥秋
禾盡皆淹沒斗粟千錢冬間民饑乏食流移載道
盜賊時聞知縣田光復力爲撫恤禁禦民獲稍安
是年條糧獨免十分之三次年春總河張鵬翮委
運河同知羅景至鄉查賑大小饑民十三萬八千
五十名口動用倉穀二萬二千四百一石八斗河
員同地方官捐補還項又奉
撥帑銀五十七百四十五兩二錢八分差賑恭官副

都統唐光堯佐領額爾德佟世祿護衛胡世圖至

鄉與知縣田光復截買漕米五千六百三十石九

斗二升自四十二年十一月起至次年五月止共

賑過饑民　萬一千九百五十八名口又四十二

年冬奉布政司發棉衣四百十件分給無衣窮民

各一件又賑叅官與知縣共捐雜粮一千七百二

十二石八斗二升賑過饑民四千三百七十三名

口又散給穀種二百五十五石膏粱種一百六十

石三斗八升令無籽粒窮民一千五百七十三名

種地三百六十九頃五十六畝

四十三年地丁錢糧奉　文全免

四十四年五月雹傷禾稼幸秋收不致失望地丁錢糧奉　文全蠲

四十七年六月每午後太白晝見約十餘日

四十八年秋霪雨連綿西南一帶地方盡成澤國奉

賑濟鰥寡孤獨窮民一百一十一名動用倉穀三十三石三斗

四十九年奉　撫院蔣委兗州府通判于傑與知縣樊一均查賑過饑民一萬四千七百四十一名

石動用常平倉穀三千六百一十二石一斗五升

五十年六月飛蝗南來落山陰等村約十餘里經宿遺子而去旬日後知縣婁一均親督官民于烈日盛暑中晝夜撲捕數日盡滅禾稼無傷

五十二年欽奉 上諭事案內地丁錢糧全蠲係直省輪免之年又奉

賑濟鰥寡孤獨窮民六十五名動用倉穀十九石五斗

【光緒】鄒縣續志

（清）吳若灝修　（清）錢𡐧纂

清光緒十八年（1892）刻本

天文志

祥異

舊志災亂以庶徵而雜兵事今志祥異於天文而兵事改入武備各以類從也祥者吉凶之朕兆異者事物之不常見不以吉凶占宋元以來多有此目

康熙五十八年旱　五十九年旱冬無雪　六十年大旱　六十一年大旱無麥蝗

雍正元年旱　三年大有年是年二月日月合璧五星

聯珠　五年秋太白經天　八年春大飢夏大雨水
九年春三月雨雪　十年夏大旱　十一年秋大熟
乾隆元年大有年　二年春旱　八年冬十月彗星見
於西方　十二年夏大水飢疫秋七月冰雹　十三
年春飢　十六年秋大水　十八年秋八月地震
二十七年冬縣民田成堯妻一產三男　三十年夏
大旱　三十五年春正月朔雨大冰　三十六年夏
大雨水　三十九年冬地震　四十三年饑　五十
年旱

嘉慶元年大有年　十五年春夏旱　十六年旱有蝗
秋彗星見於西方　十七年旱　十八年秋大雨水
二十二年旱
道光元年日月合璧五星聯珠自夏徂秋大雨水　三
年夏大雨水　五年夏旱秋彗星見　六年春旱多
蝗風秋蝗　八年三月朔日有食之九月朔又食
十年秋泗河白馬河溢縣西南鄉紀滿等十六村莊
皆被水　十八年夏有蝻　二十一年縣西南鄉石
里等社六十五村莊秋禾被水以後西南鄉歲多被水東北鄉亦有被及

者皆由夏秋霖潦洺河白馬河氾溢所致其間被
水村莊多至百餘處少亦數十村莊輕重不等
二十九年夏地震秋再震
咸豐三年夏雨雹　六年旱　七年二麥豐稔有一莖
兩三穗者　八年七月彗星見
同治二年七月有大流星色赤光芒丈餘自北而南颯
然有聲　十一年夏雨雹　十三年夏六月彗星見
於西北
光緒六年旱　十年旱

【光緒】泗水縣志

（清）趙英祚修　（清）黄承艧纂

清光緒十八年（1892）刻本

泗水縣誌卷之十四

災祥誌

尤誌叙曰春秋一經紀災異不紀祥瑞爲世訓也括地之書例得竝載舊誌所紀災異代不乏書而於祥瑞獨闕焉豈亦春秋意歟夫祥瑞聖人爲上豐年次之麒麟鳳凰爲下良裕論也若果時和年豐家給人足卽不書祥瑞而祥瑞在其中矣要之記載時事竝示勸戒不可遺也作災祥誌

周

魯桓公十四年春正月無冰

魯文公十三年正月不雨至於七月

魯襄公三十一年九月初七日祥光入室仲由生

漢

桓帝永興二年泗水泛漲溢流

宋

高宗時劇盜掠鄉邑

元

至順三年夏大水傷稼秋大饑

至正四年六月大水害稼人相食

明

正德十四年飛蝗蔽天害稼

成化七年風霾晝晦如夜

正德六年流賊劉六等寇縣屠之二十四社併爲

十七社十一年桃李冬花十六年大饑人相食

嘉靖六年八月隕霜殺菽十七年飛蝗蔽天害稼

三十二年大饑人相食斗粟三錢三十四年復

大饑三十七年飛蝗食稼入人房舍床榻爲滿

四十三年黄霾二日晝晦見斗四十四年二月

不雨至於七月四十五年天鼓震響若雷

隆慶元年冬大雪平地三尺禽獸凍死六年夏霪雨四十餘日三豆渰没室廬盡圮

萬歷七年夏蝗蝻遍野害稼民饑九年秋七月流星大如斗明如月自西而東十四年大風拔木發屋十九年十月桃生花如蓮二十年二月不雨至五月二十一年霪雨連月民饑食樹皮草子八月八日嚴霜酷殺三荳二十二年正月無冰八月霜多盗二十三年正月無冰隕霜殺菽夏五月白石莊牛生子二首五蹄一尾其一蹄在胸前二十四年蝗蝻出境有年二十五年四

五月冰雹大風拔木

舊誌論曰和氣致祥乖氣致異人事感於下天時應於上亘非誣也夫自古祥瑞少而災異多所賴轉災爲祥則有是土者之責耳善乎董章邱之言曰至治之世天不爲災非無災也有災而不能爲災也誠其吏廉徭輕政簡民富卽水旱盜賊能爲患乎惟夫吏尠甘棠之仁政多碩鼠之殘斯支祁蜿蟺諸災祲出而勝之耳夫欲弭氛惡來休禎惟在擇任有司哉惟在擇任有司哉語見章邱董詠董保令章邱令辭復亨陽平人著本縣誌

萬歷四十三年大饑人相食
天啟五年蝗蝻害稼
崇禎八年九年蝗蝻害稼十二十三年蝥蝝害稼野
無遺草十月草木生花大饑人相食比屋而是十
四年斗粟三兩瘟疫太作盜賊蜂起屍骨枕藉村
落盡成邱墟丁戶百不存一春正月金器俱見火
光十五年秋七月普天星象悉聚斗女之間向東
北流去者七次
十六年自春徂夏大旱

按泗水地處山瘠素稱疲敝運值鼎革而災害爲獨甚明朝末歲連年饑饉以素尠蓄積之區奚堪數歲災祲之仍由是庚申之冬辛巳之春瘟疫大作干戈不靖人民逃亡寥寥孑遺眞不堪繪圖矣又值壬午之冬城陷死傷謂尚有遺類哉意者歷數告終郡邑與國運相爲終始然歟否歟何天人交訌慘殺至於此極也異災奇苦筆不堪書亦難盡述粗誌數言以記一時之興廢云爾 杜燦然識 錄舊誌

國朝

順治七年大水

十四年日食者三

乾隆十二年歲大減人相食

四十九年歉收五十年自春至六月始雨所種田禾俱晚經霜尚未結實故未獲一粒五十一年大饑人相食至秋豐稔

嘉慶十五年庚午正月十七日日出時有北風風至旋昏黑人對面不見朝食秉燈風初至極烈至昏黑極時却不甚烈午後復明

十八年歉收

十九年夏秋雨如絲凡七晝夜無少停止然未爲

災

道光元年六月伏中雨雪至秋人病霍亂所亡甚多

出門不敢單行市人持服者幾半俗云踰年即止

遂於八月初一日過年然此後病者尤多

五年麥後大旱至七月始雨田禾不獲一粒

八年七月霪雨三晝夜十三日夜間濟河水大溢

臨河村莊皆被衝房屋傾塌人多溺死是年秋豐

稔

十七年十八年蝗蝻傷稼逃散及餓死者甚多

十九年雨暘調和年稱大有

二十年二十一年俱有年二十二年蟲食穀

咸豐元年正月初一日卯時東南有響如雷春間日出暮色紅異常是年豐稔

十年九月十七日南匪過境殺傷焚掠十九日尤甚城西城北多被害十二月鄒境教匪嘯聚鄉閭團練防禦

十一年二月初三日教匪在泗水南境焚掠數村二月十九日教匪北竄至孫徐村東團丁堵禦因衆寡不敵退入孫徐圩教匪攻圩焚傷甚慘

四月十一日教匪在王山莊前傷堵禦人甚多

十月初二日捻匪至辛莊村東堵禦者多遇害
十月初十日教匪在舒等村焚掠堵者多被害
十一月十一日教匪破郭山厰焚掠慘傷
同治元年四月十四日教匪北竄焚掠四關被傷者
甚多
十一月二十五日捻匪攻陷歷山圩焚害甚慘
二年四月初十日二更時教匪潛至故安圩焚掠
一切圩中與之巷戰傷有三百餘人
四月十三日教匪同南匪北竄經官兵馬隊擊敗
六月教匪平

六年六月間霪雨數日泗河泛溢近河村莊多被

水災

光緒十二年自春徂秋旱禾不實歲大減

十三年春蒙　恩賑恤

十六年五月二十三日霪雨濟泗兩河俱溢村莊

皆被災東關尤甚衝塌房屋壓傷人口無算知縣

方名洋詳報請賑大府允之十七年春還員賑銀

二千兩

十八年四月二十五日雹傷麥西岩鋪附近尤甚

詩日我有旨蓄亦以御冬又日未雨綢繆夫水旱

不時災祥無常難治世不免所恃無患者有備耳泗邑山田磽确生息蕭索更無世宦殷戶可以勸分又無社穀義倉便於濟急一旦告歉庚癸誰呼嗟嗟窮黎將何以堪閱邑誌順治二年戶一百八十丁二百一十七十六年戶一千三百四十丁二千二百七十四會不及他縣一大村輒爲掩卷太息曰斯時也泗不幾難乎爲邑與然終不知當日如何凋敝而至於如此之極自余司泗訓於今七年凡遇水旱者三斗穀輒千錢十三年春尤甚人多流徙目覩心傷徒喚奈何所望任斯土者平

時訓民以節儉教之以積蓄女課紡織男戒飲博
俾人人有思難預防之心家家有有備無患之實
庶幾如古所云年雖大殺衆不匡懼斯卽今日謀
泗者之急務也夫 承履誌

【道光】滕縣志

（清）王政修　（清）王庸立、黄來麟纂

清道光二十六年（1846）刻本

災祥志

古者國各有臺史以望氛祲占一國之休咎而伏勝作五行傳班氏因其說附以各代證應爲五行志宋馬端臨非之作物異志以物之爲災爲祥要皆反常總謂之物異則近於鄭夾漈妖妄本無類證之說矣滕之災祥載史冊者固非多有然近以耳目之所覩記如史冊所載之類率數歲一見是必有以感之固不特大水大饑而後爲災也嗚呼修德尚矣修救急焉修禳次之所當蚤見而預爲之所也

晉元帝大興元年七月蝗害禾菽食生草俱盡

唐德宗貞元十八年烏集滕縣㘅柴爲城中有白烏一碧烏一

僖宗中和三年大饑倚死牆壍黄巢賊俘以食乃辦列巨碓磑骨皮於臼并啖之

宋神宗元豐五年十二月縣官舍生異草經月不腐

元至順三年夏六月大水害稼大饑

明正統年鬼塗樹

成化年大風晝晦如夜大木皆拔

弘治十五年城東鏘鏘如兵戈聲民皆驚惶傳呼至葚山牆乃定人以爲鬼兵

正德十年八月辛卯日食晝晦鷄犬驚鳴桃李冬花
十一年大饑人相食
嘉靖十七年飛蝗蔽天害稼
十八年蝗蝝害稼尤甚室廬牀榻皆滿
二十六年十一月地震
二十八年春雨土如霧洼桃李花蕚中皆焦落不實
三十二年大饑食草實木皮既盡剝割殍肉啖之有呻吟
未絶而肉已被割者
三十三年大疫
三十五年夏大雨雹大者如雞卵小者如彈小宮村積雹

如邱傷禾稼
四十三年人家生牛六足兩足出背上河決飛雲橋漂沒
運河北徙
隆慶元年大水壞廬舍
萬歷六年人家生馬有後蹄無前蹄冬大雨雪深及牛目
樹木凍死
十年四月人家生豕一首四耳八足六月大風拔木東郡
民屋垣盆甕盡失後得其盆於薛河中併炊黍在焉秋彗
星出於奎婁之分月餘乃沒
二十一年大水

二十二年春夏旱蝗秋大水

二十三年大饑殣者枕藉於道人相食

三十六年秋地震狐化人形晝見

四十六年除夕大雷電雨雪

天啟元年地震

二年春羣狐晝見作童女形拍手笑歌

七年蝗

崇禎二年十月大雷電雨雹每霹靂先有厲聲如瑱璫入

或以爲龍鳴

三年春夏大水九月大雷電

四年辛未大水河决荆隆口漂沒萬家

七年秋大水平地丈餘人見水中火光龍車漂沒廬舍渰死人民

十三年大饑人相食

十五年臘月邑中有蒸黄豆一囤盡變爲人面五官鬚髮畢具時呼爲人頭豆又有酒化爲血之異

（皇清）

康熙三年六月夜忽聞空中流水聲飛蟲蔽天而至以火燭之墜地如金蟯蝖形差小有識之者曰此蒼諸也見主歲凶

四年大旱發金賑濟本年錢糧蠲免

七年六月十七戌時地大震有聲自西北來如奔雷又如兵車鐵馬之音地若舟浮擻蕩於危濤驚浪中崩城郭壞廬舍人民多殞城東地陷湧出水有泥沙

九年臘雷大雪墜指道有僵死者果木多凍死

十九年夏六月大水毀黃山橋秋閏八月彗星見西南遮東北兩閱月而沒冬十月初三日夜西北出白氣如練直指東北方初六夜長星見光芒數十尺如劍仍指西方經一月始退

二十四年春饑人食樹皮

二十五年夏四月雨雹
二十七年元旦樹凝霜雪葳蕤如花秋大水
三十年蝗
三十二年元旦日有食之二月十八日辰時風霾晝晦
三十四年夏四月初六日戌時地震二十三日雨雹
三十六年春夏水秋旱八月隕霜殺禾
三十七年春三月大水夏四月二十七日大風發屋震雷
雨雹
四十二年春大饑食殍
四十五年夏白燕見

五十年秋飛蝗蔽天
五十一年正月二十六日夜巨星自西北隕東南後隨火
光萬道天鼓鳴二月初十日申時大風始赤繼黑夜半止
逐物皆明大如燈小如螢火狀
五十二年嘉禾異穗同莖
五十三年夏無麥
雍正八年大水米價如珠藻滿市人相食
乾隆五年無草牛馬死山中不留枯根屋去茅茨
八年十二月西方有星出如白練直指東方至九年正月
中旬乃沒

九年蝗蟲蔽天六月十七日夜大雷電風呼號驚人樹木拔牆屋震

十三年五月十三日雨雹大如臼民房舍壞損無算麥被蟲害人相食普賑本年大糧蠲免前二年皆緩征

十八年夏五月雨雹冰水成渠樹木皆槁秋八月地震

二十一年丙子黄河決

三十二年雹

三十八年二月初二日風五色晝晦

四十五年大水

四十六年黄河決考成徽湖溢沒民田舍

四十七年旱八月星隕忠三保楊氏院中化爲石色青白重約百餘觔孔數百大可容拳小容粟

五十年乙巳旱大熱西萬村雷火焚樹濟運放黄河水入微湖

五十一年春大饑人相食

五十二年夏大旱微湖涸

嘉慶元年丙辰六月大雨如注七晝夜七月十六日午時無雲而雷自西北而東南八月黄河決微湖溢沒民田舍無算

二年黄河決微湖溢四月大風雨雹麥損

四年夏大雨雹麥禾盡沒

五年五月二十日雨雹有大如碌碡者禾皆損

六年二月初五日辰刻西北大風色黃既而如墨

八年春饑五月十二日鉅山村雹大如斗

九年春饑二月十二日城東石溝莊更時村雞齊鳴樹鳥亂噪守夜者見有火毬飛落縱橫延燒村人奔救時節孝張房氏身負姑出火滅左右皆灰燼氏茅茨及器物皆無恙

十年夏飛蝗蔽天食生草皆盡十一月大雪雷鬧西北方

十一年大風五色晝晦

十二年正月十六日黑風晝晦十七日日有數環
十四年二月初四日巳時日三環
十五年正月二十七日大風晝晦是年微湖涸放黃河水入湖
十六年正月十七日西北暴風遶夜五色備
十七年大旱
十八年春大饑秋霜早降殺禾彗星見九月曹匪亂城守
十九年微湖涸麥秀雙歧十二月初七日雨雪而雷
二十年四月朔日如血無光
二十一年夏大雨夜附郭水深數尺躋雲橋圮

二十二年五月二十四日夜雨雹平地半尺禾黍盡傷宿鳥多死

二十三年十一月十五日夜地大震

道光元年四月朔日月合璧五星聚奎婁之次秋大疫人朝生暮死訛言至臘月止沿村度歲祠瘟神弔不通

二年冬多狼村郭傍夕皆閉戶

三年夏大旱七月水漂沒田廬

四年四月白虹貫日六月朔卯時日食既星斗滿天雞犬驚鳴

五年蟲五色食禾穗殆盡秋彗星見奎婁色青

八年忠六保麥秀雙歧有一莖三穗者

九年十月二十三日地震有聲如雷十一月二十二日申時邑城西南有青龍自東南來長約數十丈鱗角畢見西北風急止窪中村人不敢逼視

十年閏四月二十二日地震

十一年自七月陰百餘日始霽

十三年春穀價騰貴冬大雪連日樹木多凍死

十四年夏蝗

十七年繹莊小雪後牡丹盛開冬至日方謝

十八年十一月雨雪而雷

二十年二月初二日日食旣六月十九日有風自西南起飄天如柱旋轉行數十里赤黑交擊四面飛雲從之拔侯家林大木數百株至荆河北遠望如火樓爲傾釜甑皆飛去先是三里河前有狐漫地來東北行時荻高半尺或伏葉下或出葉上絡繹竟夕乃止

夏六月大雨疾風迅雷雲霧蒙籠山須臾皆黑霹靂一聲自山腰至足劃開深三丈餘濶四丈巨石如屋者八九落山根

二十二年冬至夜雷鳴東北方大雨如注

二十三年春西南方參下見白氣長數丈閱月乃沒夏穀

將實蟲自蘖生五六日長三四咫食葉俱盡穗槁不實
二十四年五月十四日夕蟠龍山前昏黃有雲自天降繞
山旋轉所過禾稼如蹂躪夜大雨山水四漲漂室廬牛馬玉
花泉河高出岸上二丈餘薛河亦浮出自東來會水落徧
地腥臭至二十餘日九月大雷雹桃李花忠三保有果成
實至臘月熟者
二十五年正月大風夏水鳥巢林六月大水平地深數尺
人多溺死漂漕船入湖
二十六年閏五月二十二日雷雨火焚城南樓二十七日
大水漂沒數千家邑西北尤甚

六月初十日大風拔樹十三日寅時地震飛蝗過西南境害禾二十六日酉刻復震有聲自北而南

七月城中嘉穀生多同本異莖有三穗者

生克中纂

【宣統】滕縣續志

清宣統三年(1911)鉛印本

通紀第二

黃帝唐虞

黃帝封第十子於滕歷唐虞及夏至殷末始滅按晉志黃帝有二十四子得姓者十有四其第十子封於滕滕者取水之騰涌爲名也

夏

夏禹時奚仲居薛以爲夏車正奚仲遷於邳左傳按杜注邳下邳縣又按水經注泗水經薛之上邳城而南注地道記曰城在薛西三十里應劭亦云邳在薛其後徙故曰下邳

商

商湯時仲虺居薛以爲湯左相左傳按杜注仲虺奚仲之後又按路史仲虺奚仲十二世孫

殷高宗時肜祭有雊雉之異祖己作高宗肜日以訓王商書

殷紂時西伯戡黎祖伊恐作西伯戡黎以誥王商書按御批歷代通鑑輯覽祖己祖伊俱奚仲之後

周

周武王時封異母弟叔繡於滕爵為侯按路志殷末黃帝滕滅武王封異母弟叔繡於此在今縣治西南十五里滕城又按路史叔繡始居錯故一稱錯叔繡封任姓之後畛復國於薛為侯通考

周宣王時封邾夷父顏之子友於郳為附庸謂之小邾子按路史及世本小邾曹姓帝高陽之苗裔也其先出於陸終之第五子晏安晏安受封於曹武王封晏安之後曹俠於郳為附庸是為郳俠俠生非非生成成生車輔車輔生將新將新生賀父賀父生武公夷父當宣王時有功於王室故王別封其子為

周平王四十九年魯隱公元年費伯帥師城郎左傳按括地志郎在滕縣西五十三里

周桓王四年七年春滕侯卒春秋左傳

六年九年夏魯城郎春秋左傳郎見前城郎下同

八年十一年春滕侯薛侯朝魯春秋左傳滕正子記

十年魯桓公二年春滕子朝魯春秋

十二年四年春正月魯狩於郎春秋左傳

十八年十年冬十有二月齊侯衛侯鄭伯來戰於郎春秋左傳

周莊王二年十七年夏魯及齊師戰於奚春秋按春秋大事表奚在滕縣南奚公山下

八年魯莊公五年秋郳黎來朝魯春秋左傳

十一年八年春王正月魯師次於郎春秋

十三年十年齊師宋師次於郎春秋左傳

周僖王三年 十五年 秋齊人宋人邾人伐郳 春秋左傳

四年 十六年 冬十二月滕子與於幽之盟 春秋左傳

周惠王十四年 三十一年 春魯築臺於郎 夏四月薛伯卒 魯築臺於薛 春秋

十六年 閔公元年 魯及齊侯次於郎 左傳

二十年 魯僖公三年 夏四月徐人取舒 春秋按春秋大事表輿圖齊舒州在滕縣東南本薛地

二十四年 七年 夏小邾子朝魯 春秋

周襄王十一年 十九年 春王三月宋人執滕子嬰齊 春秋左傳

十四年 二十二年 夏滕子從宋公衞侯伐鄭 春秋左傳

周頃王四年 魯文公十二年 秋滕子朝魯 春秋左傳

周定王六年（魯宣公八年）夏六月楚滅舒蓼（春秋左傳按杜注舒蓼二國名舒見前取舒）

七年（九年）八月滕子卒　冬十月宋人圍滕（春秋左傳）

八年（十年）六月宋師伐滕（春秋左傳）

十七年（魯成公二年）十一月丙申薛人與於蜀之盟（春秋左傳）

周簡王八年（十三年）夏滕人從晉侯齊侯宋公伐秦（春秋左傳）

十一年（十六年）夏四月滕子卒（春秋左傳）

十四年（魯襄公元年）春王正月滕人薛人從魯仲孫蔑晉欒黶宋華元衛甯殖圍彭城（春秋左傳）

周靈王元年（二年）冬滕人薛人小邾人與於戚之會（春秋左傳）

三年（四年）冬十月邾人莒人伐鄫魯臧紇救鄫侵邾敗於狐駘（左傳）

按杜注狐駘邾地魯國蕃縣東南有目台亭

四年（五年）秋滕子薛伯與於戚之會（春秋左傳）

五年（六年）秋滕子朝魯（春秋）十一月齊滅萊遷萊於郳（左傳）

六年（七年）夏四月小邾子朝魯（春秋左傳）

八年（九年）秋滕子薛伯小邾子與於戲之盟（春秋左傳）

九年（十年）春滕子薛伯小邾子與於柤之會秋伐鄭（春秋左傳）

十年（十一年）夏四月滕子薛伯小邾子從晉侯宋公衛侯曹伯伐鄭秋滕子薛伯小邾子與於蕭魚之會（春秋左傳）

十三年（十四年）春滕人薛人小邾人與於向之會夏伐秦（春秋左傳）

十五年（十六年）春薛伯小邾子與於湨梁之會（春秋左傳）

十七年（十八年）冬十月滕子薛伯小邾子從晉侯圍齊（春秋左傳）

十八年（十九年）春王正月魯取邾田自漷水（春秋按杜注漷水出東海合鄉縣西南經魯國至高平湖陸縣入泗）

十九年（二十年）夏六月滕子薛伯小邾子與於澶淵之盟（春秋左傳）

二十一年（二十二年）冬薛伯小邾子與於沙隨之會（春秋是年十一月孔子生）

二十三年（二十四年）八月滕子薛伯小邾子與於夷儀之會（春秋左傳）

二十四年（二十五年）夏五月滕子薛伯小邾子與於夷儀之會（春秋左傳）

二十六年（二十七年）夏滕成公與於宋之會（左傳）

周景王元年（二十九年）夏五月滕人薛人小邾人城杞（春秋）

二年（三十年）冬十月滕人薛人小邾人與於澶淵之會（春秋左傳）

三年（十三年）冬滕子會魯襄公葬（春秋左傳）

六年（魯昭公三年）春王正月丁未滕子原卒　夏魯叔弓如滕　五月葬滕成公　秋小邾子朝魯（春秋左傳）

七年（四年）夏滕子小邾子與於申之會（春秋）

十二年（九年）冬魯築郎囿（春秋左傳）

十三年（十年）九月滕人薛人小邾人如晉葬平公（左傳）

十六年（十三年）秋滕子薛伯小邾子與於平丘之會（春秋左傳）

二十年（十七年）春小邾子朝魯（春秋左傳）

二十二年（十九年）夏乙亥郳人與於蟲之盟（左傳）

周敬王三年（二十五年）夏滕人小邾人與於黃父之會（春秋左傳）

五年 二十七年 秋滕人與於扈之會 春秋左傳

六年 二十八年 秋七月癸巳滕子寧卒　冬葬滕悼公 春秋

九年 三十一年 夏四月丁巳薛伯穀卒　秋葬薛獻公　冬邾黑肱以濫奔魯 春秋 左傳按杜注濫在東海昌慮縣

十年 三十二年 秋七月薛人小邾人城成周 春秋左傳

十一年 魯定公元年 滕薛郳城成周 左傳

十四年 四年 三月滕子薛伯小邾子與於召陵之會 春秋左傳

二十二年 十二年 春薛伯定卒　夏葬薛襄公 春秋

二十三年 十三年 薛弒其君比 春秋按杜注比弒惠公夷立

二十五年 十五年 九月滕子會魯定公 春秋

二十七年（魯哀公二年）春魯伐邾取漷東田（春秋按春秋大事表魯地漷涉滕縣境）夏滕子朝魯（春秋）魯伐邾將伐絞（左傳按春秋大事表滕縣北有邾絞邑）

二十九年（四年）春宋人執小邾子 秋滕子卒 葬滕頃公（春秋）

三十一年（六年）齊人遷其君荼於駘（左傳按杜注駘齊邑或云在狐駘山下）

三十三年（八年）春吳伐魯師舍於蠶室（左傳按杜注蠶室魯邑或云在蠶附山下）

三十五年（十年）五月薛伯夷卒 秋葬薛惠公（春秋）

三十六年（十年）秋七月滕子虞毋卒 冬葬隱公（春秋）

三十九年（十四年）春小邾射以句繹奔魯（春秋按左傳疏是歲獲麟春秋以終時小邾則爲惠公自惠公以下在春秋後六世爲楚所滅）夏四月齊陳恒執其君壬（公羊）寘於舒州遂弒之孔子三日齊而請魯侯伐齊（春秋左傳史記年表舒州見前取、舒）

周元王三年（二十二年）冬十一月越子會齊晉於徐州（越世家按索隱徐州齊邑薛縣又按御批歷代通鑑輯覽作徐州而大事記徐音舒亦作徐今山東兖州府滕縣有薛縣故城戰國時曰徐州）

周貞定王元年（二十七年）越聘於魯且言邾田封於駘上（左傳駘見前遷駘）

周安王二十四年（齊威王因齊元年）三晉伐齊靈邱（史記按舊志靈邱在縣東四十里）

周烈王四年（滕共公當五年）衞取齊薛陵（田齊世家薛陵齊地或云在薛之左右是年四月孟子生）

周顯王二十九年邳遷於薛（紀年孟子編年是年孟子三十三歲）

三十四年齊梁（時魏改國號曰梁）會諸侯於徐州而相王（按通鑑相王相謂為王也）

四十三年孟子去齊之宋滕文公為世子之楚過宋得見孟子

滕更從學於孟子　滕定公薨滕文公使然友問孟子然後

行事（孟子編年趙注）

四十五年（衛嗣君元年秦惠文王後元元年）孟子自鄒之滕滕文公館於上宮問爲國使畢戰問井地於是許行之徒數十人自楚至滕陳良之徒陳相與其弟辛自宋至滕（孟子編年）

四十六年（史記以是年公齊閔王元年）齊封田嬰於薛號曰靖郭君　靖郭君將城薛客多以諫靖郭君曰善乃輟城薛　滕文公問於孟子曰滕小國也間於齊楚事齊乎事楚乎　問於孟子曰齊人將築薛吾甚恐如之何則可　問於孟子曰滕小國也竭力以事大國則不得免焉如之何則可（孟子編年）

四十七年孟子去滕反鄒（孟子編年）

四十八年齊號薛公田文爲孟嘗君（按通鑑田文嬰賤妾子嬰卒代立）

周愼靚王三年（梁襄王嗣元年）孟子爲卿於齊出弔於滕弔文公之喪也（孟子編年）

周赧王二年孟子去齊居休（孟子編年按路史國名記在潁川曹氏之升曰潁川屬宋於孟子年譜又云故城在滕縣北十五里今在縣西二十四里未知孰是姑存以備考）

三年（時梁復國號曰魏）孟子自宋如薛薛餽五十鎰受之（孟子編年）

四年（韓襄王倉燕昭王平元年）孟子自薛之魯旋反鄒（孟子編年）

十五年（秦昭王七年）薛侯會魏君於釜邱（紀年按春秋大事表薛終春秋世猶存後爲齊所滅）

十六年秦以齊田文爲丞相（孟子編年按秦本紀在十七年）

十七年齊田文自秦逃歸（孟子編年按秦本紀在十八年）

二十一年齊田文出奔尋召歸（孟子編年史記）

二十九年宋滅滕通鑑按紀年周威烈王八年越滅滕或曰齊滅滕滕自叔繡傳三十一世

三十一年趙惠王何十四年燕攻齊取靈邱趙世家按舊志靈邱城在城東四十里

三十二年齊襄王法章元年齊蚳鼃辭靈邱請士師閻微君四書釋地按孟子滿年孟子卒於周赧王二十六年正月十五日蚳鼃事必有外誤姑存以備考

三十六年薛公田文卒諸子爭立齊魏共滅之通鑑

秦

秦始皇帝二十六年置薛郡通鑑

秦二世元年項梁引兵入薛誅朱雞石　少年豪吏蕭曹樊噲等爲收沛子弟二三千人攻胡陵方與史記高祖紀項羽紀

二年雍齒守豐引兵之薛泗川守壯壯名也敗於薛　夏四月頃

梁擊破秦嘉軍追至湖陵嘉死軍降　六月沛公如薛與項梁共立楚懷王孫心爲楚懷王　沛公聞項梁在薛往見之項梁益沛公卒五千人　項梁盡召別將居薛 漢書高祖紀 史記項羽紀

前漢

漢太祖高皇帝二年叔孫通歸漢　項羽引兵出湖陵 史記

五年二月斬丁公以殉 按薛志丁公外傳名固薛人又按御批歷代通鑑輯覽固季布同母異父弟

六年春正月以薛郡東海彭城三十六縣立弟文信君交爲楚王　令叔孫通起朝儀作宗廟樂 通鑑 通考

十二年叔孫通諫易太子 史記叔孫通傳

漢孝惠皇帝元年從叔孫通爲奉常定宗廟儀法 史記叔孫通傳

漢高后呂氏元年置薛縣漢書地理志高后元年爲魯國屬豫州有薛縣

漢孝景皇帝三年徙淮陽王餘爲魯王食魯汴汶陽蕃騶薛六縣是爲恭王按漢書魯恭王傳王好治宮室苑囿將壞孔子舊宅以廣其居聞鐘磬琴瑟聲乃不壞於其壁中得古文經傳

漢孝武皇帝元光五年拜公孫宏爲博士按史記儒林傳云薛人公孫宏徐廣曰薛縣在菑川漢書云菑川薛人炎武顧氏力辨菑川無薛是宏實爲薛人誠非齊菑川之薛也舊志人物失載

元朔三年以公孫宏爲御史大夫通鑑

五年冬十一月以公孫宏爲丞相封平津侯通鑑

漢孝平皇帝元始五年冬十二月帝崩徵廣戚侯子嬰立爲皇太子號曰孺子漢書平帝紀通鑑荀悅漢紀廣戚見前土地沿革按顏山東考古錄謂在今滕縣

後漢

漢世祖光武皇帝建武二年秋八月將軍蓋延克睢陽劉永走湖陵御批歷代通鑑輯覽

五年秋七月帝進湖陵征董憲又幸蕃遂攻董憲於昌慮大破之漢書地理志昌慮故城在今滕縣東南六十里蕃今滕縣治

漢孝明皇帝永平二年以湖陵益東平國光武十王傳

漢孝章皇帝元和三年詔侍中曹褒定漢禮通鑑

漢孝和皇帝永元三年春正月帝用曹褒新禮加元服通鑑

漢孝桓皇帝延熹二年徵處士姜肱不至按漢書姜肱彭城廣戚人舊志人物失載

漢孝獻皇帝建安十一年割襄賁郯戚以益瑯邪省昌慮郡通鑑

三國魏

魏明帝景初二年夏四月以沛杼秋公丘彭城豐國廣戚並五縣爲沛王國（三國志魏書明帝紀）

東晉

晉中宗元皇帝太興元年夏六月合鄉蝗（通鑑合鄉見前土地沿革）

晉孝宗穆皇帝永和五年石趙衰亂褚裒帥衆代趙徑赴彭城魯郡民亦起兵附晉求援於裒裒遣部將王龕等迎之與趙將李農戰於代陂敗沒（按方輿紀要代陂在滕縣東）

晉帝奕太和五年秦後將軍金城俱難攻蘭陵太守張閔子於桃山桓溫遣兵擊卻之（按通鑑桃山在滕縣東）

晉烈宗孝武皇帝太元四年秋七月秦以毛盛爲平東將軍兗州刺史鎭湖陸（前秦錄）

晉安帝義熙四年五月司馬叔璠自蕃城寇鄒山（通鑑蕃城見下蕃城）

南北朝

宋營陽王景平元年（魏泰常八年）魏娥淸等徇地至湖陸（通鑑）

宋太祖文帝元嘉七年（魏神䴥七年）冬十一月魏叔孫建攻宋竺靈秀於湖陸靈秀大敗（通鑑宋書天文志）

齊太祖高帝建元二年（魏太和四年）冬十一月淮北泗州民不樂屬魏常思歸江南齊主多遣間諜誘之於是徐兗之民所在蠭起聚保五固推司馬朗之爲主魏遣尉元薛虎子等討之遂克五

固斬朗之按御批歷代通鑑輯覽五固在滕縣東今謂之塌城

梁高祖武帝天監五年桓和侵魏兗州進屯孤山按魏收志昌慮縣有孤山

大通二年將軍王弁侵魏徐州番郡民續靈珍攻郡應梁通鑑

北魏孝明帝孝昌二年於徐州部置番郡領番城永興永福三縣又置辟縣屬彭城郡通鑑

北魏孝莊帝永安三年冬十二月齊州民趙洛周逐刺史蕭贊以城歸爾朱光贊走死於陽平通鑑陽平見前土地沿革下同

東魏孝靜帝天成三年陽平人路季禮聚衆反蹬泰討平之魏書

齊世祖武成帝河清四年詔給陽平遭水貧戶粟通鑑

周靜帝大象二年尉遲迥舉兵相州徐州將席毗羅應之軍於

番城陷昌慮　十二月隋王堅殺滕王逌 通鑑

隋高祖文帝開皇六年置滕縣省蘭陵郡之昌慮縣入彭城郡 通鑑

十一年秋八月殺滕王瓚 通鑑

十六年陞爲滕郡尋復爲縣屬徐州郡 通鑑

隋煬帝大業十年彭城留守董純敗賊帥張大虎於昌慮 方輿紀要

唐

唐高祖神堯皇帝武德四年冬十月封皇子元懿爲滕王 通鑑

唐太宗文武皇帝貞觀七年以滕王元懿爲兗州刺史 唐書太宗紀

十年春正月徙滕王元懿爲鄭王 通鑑

十三年夏六月封皇弟元嬰爲滕王（唐會要按通鑑綱目滕王元嬰卒於中宗嗣聖元年）

唐中宗皇帝嗣聖六年（太后永昌元年）十月流嗣滕王修琦於嶺南（通鑑）

神龍元年春正月赦賜酺五日免今歲租稅（新唐書武后紀 通鑑 唐會要）

唐睿宗皇帝景雲元年進封皇子彭城郡王隆業爲薛王（通鑑）

唐肅宗皇帝乾元元年盡免百姓今年租庸（新唐書肅宗紀 通鑑）

唐懿宗皇帝咸通九年秋七月桂州戍卒作亂冬十月陷宿徐州遂破魚臺近十縣十二月分遣其將北侵沂海詔泰甯軍節度使曹翔爲徐州北面招討使（時兗州號泰甯軍）軍於滕沛（通鑑 唐書天文志）

十年秋七月曹翔拔滕縣（通鑑）

五代

周世宗皇帝顯德元年徐州奏爲節度使王晏立碑許之（通鑑）

宋

宋太祖神德皇帝建隆元年以王晏爲安遠軍節度使（通鑑）

宋眞宗皇帝咸平四年頒九經於州縣學校（通鑑）

宋高宗皇帝建炎元年（金太宗天會五年）盜李昱攻刦滕縣（宋史）

紹興二年（金天會十年）頒戒石銘（銘曰爾俸爾祿民膏民脂下民易虐上天難欺）於州縣（宋史）

二十八年（金熙宗正隆三年）金封皇子廣陽爲滕王尋卒（金史海陵紀）

宋孝宗皇帝隆興七年（金世宗大定十一年）春正月金封皇子永蹈爲滕王永濟爲薛王（金史世宗諸子傳）

淳熙四年（金大定十七年）九月金封皇子永德爲薛王（續通鑑）

九年（金大定二十二年）金陞爲睢陽州置睢陽軍（金史方輿紀要）

十一年（金大定二十四年）金改爲睢州更置睢縣倚郭屬之隸山東西路（金史）

宋徽宗皇帝宣和七年（金太宗天會三年）十二月金尼瑪哈（後改名宗翰舊作粘沒喝）圍太原知府張孝純（睢縣人）固守（御批歷代通鑑輯覽及舊志張孝純外傳）

宋欽宗皇帝靖康元年（金天會四年）五月以太原圍不解詔种師中由井陘與姚古犄角遣使趣戰師中約姚古及張灝（孝純之子）俱進抵壽陽之石坑（在壽陽縣東南）爲金將完顏和尼（洛索之子舊洛索字斡里延完顏部人）所襲戰於殺熊嶺（在洛陽縣西南）敗績師中死之古軍潰　八月都統制張思正領兵十七萬與張灝夜襲金洛索（和尼之父）於文水（隋縣今屬）

山西太原府小捷明日復戰師潰死者數萬人　九月金尼瑪哈攻太原知府張孝純力竭城遂破孝純被執既又釋而用之御批歷代通鑑輯覽及通志張孝純外傳

宋寧宗皇帝嘉定七年金宣宗貞祐二年賊帥郝定僭號改元攻陷滕兗單諸州續通鑑

宋寧宗皇帝嘉定八年金宣宗貞祐三年三月金布薩安貞原名阿海破劉二祖泰安人金主永濟崇慶元年作亂斬之餘黨推崔儀爲師彭義斌石珪泰安新泰人夏全時青滕陽人附焉御批歷代通鑑輯覽

十年金興定元年夏四月金花帽軍作亂於滕州詔山東行省討之金史宣宗紀續通鑑

十二年（金興定三年）三月金人圍安豐軍及滁濠光州時賈涉（字濟川天台人）以淮東提刑知楚州節制京東忠義軍慮其為金所用乃遣陳孝忠向滁州石珪夏全時青向濠州李先葛平楊德廣趨滁濠李全（全滕州北海農家子即紅襖賊歸附於金時降於宋後又降於蒙古）李福要其歸路（御批歷代通鑑輯覽）

十三年（金興定四年）冬十月金以時青為濟州宣撫使封滕陽公十二月時青復自金來附以為京東鈐轄（宋史天文志續通鑑）

十五年（金元光元年）二月金主以朝廷絕歲幣國用以困乃命元帥左監軍鄂和（原作訛可）行元帥府事節制三路軍馬同簽樞密院事時全（滕陽人初與姪青俱為紅襖賊後同入金）副之由潁壽進渡淮敗宋軍於高塘

市今曰高塘鎮在潁州府霍邱縣西攻固始縣破廬州將焦思忠兵既而獲生口言全之姪青受宋詔與全兵相拒全匿其事五月鄂和引衆還距淮二十里諸軍將渡全矯稱密詔諸軍且留收淮南麥遂下令人穫三石以給軍衆惑之留三日鄂和謂全曰今淮水淺狹可以遠濟若值暴漲宋乘其後將不得完歸矣全力拒之是夕大雨明日淮水暴漲乃爲橋渡軍宋軍襲之全兵大敗橋壞全以輕舟先濟士卒皆覆沒金之兵財由是大竭金主詔數其罪而誅之御批歷代通鑑輯覽

宋理宗皇帝寶慶三年金哀宗正大四年秋七月詔知盱眙軍彭㐿及時青經理淮東　蒙古以李全行省事於山東淮南全自青州

復入淮安殺張林既而誘殺時青併其衆 御批歷代通鑑輯覽

元

元世祖文武皇帝至元十二年遣哈撒兒海牙奴剌丁使安南以李克忠佐之授安南達魯花赤府知事 柯劭忞元史李克忠傳

元成宗皇帝大德九年秋七月滕沂寧海諸郡饑 元史成宗紀續通鑑

元文宗皇帝至順三年秋七月賑滕州饑 元史文宗紀

元順帝至正七年山東盜起蔓延濟寧滕邳徐州等處 元史順帝紀

八年六月以滕嶧隸徐州總管府 元史順帝紀五行志

十三年降徐州路為武安州所轄滕州仍屬益都路 元史順帝紀五行志天文志

十八年秋八月義兵萬戶王信以滁州叛 元史順帝紀 五行志 顧嶸傳

二十二年春正月以張良弼爲陝西參政駐兵藍田 御批歷代通鑑輯覽 謹按舊志張良弼傳良弼字思道陝西華陰人爲元將元亡脫身走關闢數千里止滁之王開村人無知其爲方面大帥者

二十六年春二月庫庫特穆爾 本姓王小字保保察罕特穆爾之甥養以爲子 調張良弼等兵不應 秋七月徐州芝麻李起兵據州城因命王宣爲招討使率丁夫從伊蘇復徐州尋授宣淮北義兵都元帥守馬陵調滁州鎮禦 御批歷代通鑑輯覽 續通鑑

二十七年春三月庫庫特穆爾遣兵屯滁州以禦王信十一月吳 時明太祖高皇帝朱元璋稱吳王 遣千戶趙實略滁州其守將初議固守已而遁去遂克其城 續通鑑

二十八年（是年八月以後爲明太祖洪武元年）四月明師陷河南李思齊（信陽羅山人）張良弼合兵駐潼關會火焚良弼營思齊移軍胡蘆灘（在華陰縣渭水南）遂陷潼關思齊奔鳳翔良弼奔鄜城（御批歷代通鑑輯覽）

明

明太祖高皇帝洪武二年三月元將張思道（即張良弼）駐鹿臺（即鹿苑在西安府高陵縣西南）八月徐達（字天德濠人）克平涼張思道奔寧夏 十月詔天下府州縣皆立學 滕州廢爲縣屬濟寧府 旱饑免租稅 初甃城垣（御批歷代通鑑輯覽山東通志舊志）

十八年封建魯府陞兗州爲府降濟寧爲州滕縣改屬兗州府

詔天下學校師生日給廩膳 蠲田租（明史太祖紀）

明憲宗純皇帝成化十三年夏四月沂州郯城滕費嶧等縣同日地震明史憲宗紀五行志綱目三編

明武宗毅皇帝正德三年濬昭陽湖按舊志昭陽湖亦曰西湖在滕魚臺兩縣界

七年春正月郤永追敗賊於宋家莊賊南犯滕縣副總兵劉暉敗之明史武宗紀五行志陸完傳諸王表綱目三編

明世宗肅皇帝嘉靖二十七年丈地畝按舊志嘉靖二十七年撫按檄沂州衛經歷石仲義丈之四十一年檄縣丞劉芳重丈之後十餘年江陵相復行丈地法

二十九年滕縣饑明史世宗紀諸王表按天下郡國利病書滕縣累歲大饑加以大疫民死亡者十九

四十四年築沙河薛河隄二河俱在滕縣　詔開夏鎮新河按舊志宗室朱睦㮮有記

明穆宗莊皇帝隆慶元年五月夏鎮新河引成鮎魚諸泉在滕縣凡三十四泉及薛河在滕縣南源出費縣山滕諸泉而爲淵西經薛山因名薛河沙河有二俱在縣縣在縣北者曰北沙河源出滕縣薛山在縣南者曰南沙河即古漷水源出縣之遠山下流俱入運注之御批歷代通鑑輯覽

二年濬回回墓河引昭陽湖水入漕河明史

三年議開泇河按舊志泇河經滕縣南縣境一百六十里又按御批歷代通鑑輯覽泇河界滕縣開

四年秋七月山東沙薛汶泗諸水驟溢明史五行志

六年築昭陽湖明史穆宗紀五行志儲王叔梁夢龍傳

明神宗顯皇帝萬曆二十一年二月出師援朝鮮擊倭人淡江以南千有餘里朝鮮故土奄然還定兵科右給事中侯慶遠上疏上因諭朝鮮王還都王京整師自守各鎮兵皆以次撤歸

夏六月挑韓莊中心溝以通泇河皇明通紀及明史神宗紀

二十八年六月開泇河明史神宗紀陵漕運河沿革表

三十一年以工部尚書姚繼可言罷泇河役明史河渠志

三十二年泇河工成賞賚有差陵漕運河沿革表

三十三年大濬泇河　夏五月考察京官主察當屬吏部侍郎楊時喬沈一貫怒其方嚴請以兵部尚書蕭大亨主筆時論籍籍給事中錢夢皋當外補特旨留用於是郎中劉元珍御史鄒應龍吏部督給事中侯慶遠等先後論一貫權奸誤國劉元珍等俱謫外明史

三十五年築郗山隄明史河渠志

四十六年加田賦（按明史神宗紀四十七年再加田賦）

明熹宗哲皇帝天啟二年夏五月山東白蓮妖賊徐鴻儒陷滕縣知縣姬文允死之門子魏顯昭家僮李海務並死（舊志及明史）

明莊烈帝崇禎四年濬迦河（明史河渠志）

六年重濬迦河（明史河渠志）

七年御史張盛美上疏陳滕民苦累（舊志及戊己集）

八年二月御史張盛美上疏請剿禦流寇（戊己集）

十五年十二月二十四日　大清兵下滕縣知縣吳良能教諭張國柱俱死之（舊志吳良能傳張國柱傳）

十六年十月闖賊陷商州商雒道黃世清死之（明史及舊志黃世清傳）

國朝

世祖章皇帝順治四年山東巡撫丁文盛奏東阿滕范等縣土寇平　蠲免荒田租賦　頒大清律　裁明季雜牙二稅（山東通志）

十五年五月戊辰長庚入月　刻臥碑置於學宮（山東通志）

十八年免臨街房屋徵銀（山東通志）

聖祖仁皇帝康熙六年以策論取士　蠲免明年正賦（山東通志）

八年以經藝取士　定新墾地三年起科例（山東通志）

十二年秋七月彗星見　諭新墾地再加寬限十年起科（山東通志）

十六年含譽星及卿雲見（山東通志）

十九年開阜河接泇河（山東通志）

二十三年建滕縣修永閘　修砌十字河斗門山東通志

二十六年除十三年以後加增雜稅　赦殊死以下山東通志

二十八年蠲除來歲正賦山東通志

三十年免三十一年應輸漕米山東通志

四十二年蠲免去年未完地丁錢糧今年漕米停徵山東通志

四十四年春二月　上南巡啟鑾入境紳民跪迎道左山東通志

四十六年五月　上南巡公孫爾宗迎鑾條陳彭口河事邱誌

五十二年免本年丁賦定丁銀以五十年爲額永不加賦山東通志

五十六年行鄉飲酒禮山東通志

世宗憲皇帝雍正二年修昭陽湖之張穀山草壩山東通志

三年春二月庚午日月合璧五星聯珠（皇朝通志）

高宗純皇帝乾隆元年十月卿雲三見　頒經史於州縣學（山東通志）

三年蠲雍正十三年積欠　蠲本年地丁銀（山東通志）

六年免未完積欠（山東通志）

七年冬十二月彗星出金宿光逾尺（山東通志）

八年冬十月彗星見西方（山東通志）

十年三月巡察山東漕運御史沈廷芳奏微山湖各段土隄請改建石工不許　九月賑滕縣水災　頒訓飭士子文（山東通志）

十四年五月瑞星見大如雞子其色黄白光瑩潤澤（皇朝通志）

二十年河溢孫家集微山湖淤擡築攔黄壩七十里　七月

賑滕縣水災山東通志

二十一年閏九月賑滕縣水災山東通志

二十二年疏濬微山湖　賑滕縣水災　開新伊河山東通志按舊志新伊河即微山湖引河

二十三年微山湖涸出莊地十分有六　築微山湖西岸壩工尚書劉統勳奏會勘微山湖隄工山東通志

二十四年建彭口閘微山湖滚水壩

二十七年春正月　上奉　皇太后南巡夏四月由徐州回鑾閱微山湖山東通志

三十年添微山湖石壩閘板山東通志

三十二年新築城垣（按舊志地震城圮邑令陳詔新築）

三十九年升珈河通判爲同知　加鑲彭口閘兩岸草工（山東通志）

四十四年普免四十五年漕糧一次並免通賦（山東通志）

四十七年八月初三初六等日滕縣大風雨（山東通志）

五十年五月　上諭内閣本年山東省曹州東昌等府屬雨澤愆期麥收歉薄降　旨借給口糧籽種緩徵錢糧又播種未能齊全之德州嶧縣滕縣等州縣俱著加恩賞給兩個月口糧俾無力窮民藉資生計（山東通志）

五十五年普免錢糧並蠲額賦有差（山東通志）

五十六年　上幸岱　召試諸生孫培蘭列二等　賜帛二

端（滕縣志培蘭傳）

六十年春正月朔日食望月食（山東通志）

仁宗睿皇帝嘉慶元年 賜高年頂戴 敕（山東通志）

四年夏四月朔日月合璧五星聯珠（山東通志）

九年秋七月巡撫鐵保籌辦河道 諭以導泉源蓄微山湖諸水爲本（山東通志）

十一年減大辟以下等罪（山東通志）

十八年春彗星見光數丈（山東通志）

十九年修彭口閘兩岸閘壩 建張阿閘（山東通志按舊志作彭口閘下二十三里）

二十一年通飭州縣整頓保甲 蠲積年舊欠（山東通志）

二十三年四月奉 諭滕縣泉務以地方縣丞爲專管仍以知縣總理如有諉卸廢弛分別參處 秋八月頒通禮 山東通志

宣宗成皇帝道光元年春正月彗星見 滕縣被水緩徵 山東通志

六年夏四月濬泇河 山東通志

九年挑挖十字河成 山東通志

十四年緩滕縣等十二州縣上年欠賦 整頓泉河濟運 山東通志

十五年挑濬十字河淤沙 山東通志

十六年春二月頒 御製訓飭州縣條規 山東通志

十七年添設魚臺縣滕縣兩汛協防 山東通志 滕人捐修文廟

十九年查禁鴉片煙 山東通志

二十七年冬十月御史王東槐奏山東地方玩縱盜賊措置乖方陳奏得實交部議叙山東通志

二十八年夏六月御史陳壇王東槐毛鴻賓奏山東捕務廢弛柏葰陳孚恩奉 諭密查山東通志

二十九年夏四月貸滕縣逋災倉穀緩徵 鹽務改爲官辦山東通志

文宗顯皇帝咸豐元年五月修伽河隄壩 十二月修伽河石埽山東通志

二年賑滕縣水災 十一月粵逆竄逼武昌湖北鹽法道王東槐以丁母憂解任佐守省城十二月初四日城陷死之山東

志國史王東槐傳

三年 上諭丁憂鹽法道王東槐著按官階加一等賜䘏該員嬰城固守臨難捐軀大節凜然著於該地方建立專祠以慰忠魂湖北巡撫駱秉章奏請也（國史王東槐傳） 奉 諭置義塚 七月豐工大西壩土基漫塌溜北趨入微山昭陽湖南路隄堰淹沒 豐縣匪皇甫棠擾微山湖（山東通志）

四年滕人重修城垣（邑人黃來泉有記） 冬十月修泇河隄工（山東通志）

七年春大饑人相食 五月麥大熟

八年八月有星出西北方久而南移光漸滅（山東通志）

九年頒 御製訓飭州縣條規 捐輸軍餉 四月捻匪由

嶧而滕徐州鎮傅振邦來援賊奪路走（山東通志）

十一年春正月奉　諭徵收錢糧折銀　二月幅匪（即捻匪）陷夏鎮　三月初七日幅匪火縣東關初九日捻匪圍縣城凡二十七日始解去破鄭家寨大廟寨四鄉燒殺甚慘　五月彗星見西北方　七月捻匪由滕北竄　十月捻匪由滕奔豐碭回巢

穆宗毅皇帝同治元年五月捻匪復出巢竄徐州及滕嶧　六月另股黑旗捻匪至夏鎮漕督吳棠檄總兵陳國瑞（字慶雲湖北應城人）扼禦　七月彗星見西北方長竟天　出畝捐旋停止　十月白蓮池教匪與幅匪合夥滕大擾　十二月緩徵明年

春賦 山東通志

二年金星晝見　夏四月陳總兵國瑞統兵駐滕縣城剿鄒縣猴子山白蓮池教匪白蓮池者教匪宋維明等所踞巢穴中環九大山山峻路險賊砦其上出刦入保爲患歷有年所國瑞兵至所部皆服紅裗褪賊中稱紅孩兒軍逆酋劉雙印率黨逆戰國瑞命部將郭寶昌要其後遏其歸路康錦文潛師伏山徑中俟賊過半横出截之國瑞自將一軍衝其中堅三路夾擊斬賊萬餘擒劉雙印等二十餘酋餘賊負嵎死守不出攻月餘未下至七月會夜大雨國瑞料賊防弛乃冒雨緣崖暗登大破之斬逆酋宋維明劉錦春等教匪平時科爾

沁僧親王方督山東軍防以捷奏得 旨賞穿黃馬褂滕人
感國瑞德立生祠祀之（山東通志國朝續先正事畧）
三年九月捻股由海而郯合股西奔分擾滕嶧鄒 滕縣東
鄉有幅匪楊某蕭沅王存王變子等均爲官軍擒斬之 捻
匪及豐沛湖團犯臨城夏鎭德楞額梁悰軍迭擊之（山東通志）
四年春正月太白晝見 三月山東藩司丁寶楨與捻匪戰
於西倉敗績 四月十五日天裂如十字無雲而雷（是月二十四日僧王陣亡）
六年九月捻匪分擾滕嶧鄒官軍追擊之 頒發經史（山東通志）
九年予殉難道員王東槐謚曰文直並准其於原籍自行捐

建專祠將該故員同時殉難之妻女家丁等一併附祀子宜
昜宜勱宜緫宜劼均　欽賜舉人山東巡撫丁寶楨奏請也
山東通志
十年予已故鹽運使銜補用道原任滕縣知縣張文林入祀
名宦祠　補常平倉穀
十一年三月修泇河隄工　十二月乙未日重輪抱珥五色
翌日如之山東通志
德宗景皇帝光緒元年蠲免同治七年至十年積欠錢糧山東通志
五年四月　上諭前據給事中王昕奏山東委員高文保被
殺一案元惡輕縱請將朱永康立正典型冬節當交大學士

會同刑部妥議具奏茲據奏稱朱永康身爲縣令屢次强借商民銀兩已屬貪婪不法迨委員高文保提犯伊姪朱寶森以誘殺捍報等情告知朱永康立時聽從並不阻止又以謀情與幕友密商許給委員李樹堅捐項一同捍禀嗣因緝兇緊急又給予朱寶森銀兩同趙㲁子等一併縱令逃逸就該犯所供各情節而論事前則陰謀詭計逐一知情事後則兇手要證全行縱逃且被殺者卽係查提控案之人是該犯先有圖脫己罪之意居心實不可問可否改爲斬監候等語詳加批覽王昕所援李毓昌被害情形成案固有不同朱永康情節重大實屬罪浮於法著卽改爲斬監候歸入本年秋審

辦理廣壽等原奏將朱永康發往黑龍江各節既係按照本律定擬即著勿庸置議理問銜巡檢高文保業經降　旨照銜從優議敘著再加恩照四品官議卹（山東通志）

六年　上自製碑文賜殉難道員王東槐其詞曰　朕惟致命遂志者人臣篤棐之忱顯忠遂良者朝廷激揚之典自來犀軒導烈馬革捐生靡不載在旂常銘之彝鼎爾原任湖北鹽法道王東槐靖共在位淑慎持躬由文學而致身入詞垣而通籍朶殿奏凌雲之賦倚馬才工柏臺表司直之風避驄望峻八甎入儤聯鳳閣之崇班五馬宣猷典熊湘之劇郡龍章載錫豸服爰加始奏績於閩江繼榷鹽於鄂渚洎妖氛之

歷境適銜恤而居喪人方謂瓜代及期桃僵幸免比班超之羈異域自可生還緬曾子之居武城原無官守爾迺擐墨絰從戎之義矢金革無避之衷服縞登陴援枹誓衆鑿凶門而招死士歌虞殯以勵同仇方冀鐵牝扃威牙璋奏凱蒼兕破飛廉之陣火牛解即墨之圍無如銅馬鴟張紙鳶援絕斷霽雲之指劍血猶腥張李陵之拳鼓聲不起遂勢窮而力竭光城破而身亡碧血漂乎國殤丹心誓爲厲鬼歸元萬里先軫之面如生瞋目九原杲卿之背尚裂考諸謚法勤學好問曰文敏行不撓曰直惟爾其庶幾焉於戲繡像褒忠之觀俎豆惟馨招魂大別之山弓刀自動稽諸憲典爰勑貞珉貽爾後

人欽承嘉命　籌設電線及電報局
十年蠲免同治十一年至光緒五年積欠錢糧山東通志
十四年高熙喆等上書於撫東大臣請以黃來麟黃來晨入
祀鄉賢祠疏入　朝命充之　旌表徐孝子芝田
十五年蠲免光緒六年至十三年積欠錢糧　寬免本年酒
稅山東通志
十六年夏五月二十四日大雨水壞房舍無算龍泉塔底層
水爲漫　九月初四日軍機大臣面奉　諭旨都察院奏山
東紳士高熙喆等請將已故道員專祠由地方官致祭一摺
已故湖北鹽法道王東槐原籍專祠著准由地方官春秋致

祭禮部知道欽此　訛言北方兵變人心惶恐數日乃定
十七年五月　上諭張曜奏運河道耆安工次被刦獲犯訊
辦請將疏防員弁摘去頂戴一摺此案匪徒拒傷道員搶刦
銀兩並傷人役多名情節重大非尋常盜案可比難保無巨
匪溷迹其間亟應迅速拏辦以遏亂萌著張曜督飭地方文
武就已獲人犯嚴行訊究並將案內首要各犯嚴拏務獲從
重懲辦不准一名漏網山東滕縣知縣秦應逵該汛把總袁
其智於此重案毫無防範僅予摘去頂戴不足示懲秦應逵
袁其智著先行革職仍勒令協緝該部知道
十九年奉　旨將陳將軍國瑞生祠改建專祠　滕人重修

城垣

二十年蠲免十四年以後積欠錢糧　設宣講員四人赴四

鄉宣講　聖諭廣訓

二十二年舉行昭信股票每地一頃線錢五兩每年五釐生息三年歸本謂之昭信股票

二十四年春正月朔日食　改以策論試士　建設學堂

皇太后訓政復制藝　御史張星吉奏罷昭信股票山東通志張星吉傳

二十七年停武科並童試　設郵政局

二十八年二月　上諭軍機大臣等有人奏山東辦理稅務

弊端百出請飭查辦一摺據稱山東有漏稅者准人告發誣

者不坐且提漏稅二成充賞丁役訛詐貽害多端等語差役

藉端擾累實爲地方之害著張人駿認眞查辦妥定章程務恤下情而杜弊端另片奏滕縣匪徒綁人勒贖隊長王桂蘭通匪分贓現已查拿到省近聞有人規避處分欲爲開脫等語並著確查究辦毋稍徇縱仍飭將餘匪緝拿懲治以靖閭閻原摺片均鈔給閱看將此諭令知之（山東通志）

二十九年裁運河閘官閘夫　裁沙溝營都司官　行銅圓及銀幣

三十年蠲免連年積欠錢糧　立習藝所及工藝教養局

三十一年停科舉及歲科試

三十二年舉考職　頒禁煙章程

三十三年鹽運司委員赴嶧縣設局試辦次年滕縣鹽務改爲印委合辦將嶧局裁撤併入滕局兼設鹽巡一營以維淮私浸灌（據鹽山東通志）知縣蕭騰驤以王晁留莊白萱刲案革職 長備軍駐滕縣城剿辦土匪

三十四年 設巡警局及勸業所 籌辦議事會

當今

皇帝宣統元年立商會 設統計所 裁撤儒學訓導 津浦鐵路修至滕境 臨棗支路方議興工

三年九月初九日陸軍協統王振畿死於雲南 裁撤儒學教諭 設勸學所 設通俗圖書館 設財政處 設學務

欵産處　設助理委員處

【民國】續滕縣志

崔公甫等修　高熙喆等纂　生克中、高延柳等續纂

民國三十年(1941)刻本

通紀第三

道光二十七年冬十月御史王東槐奏山東地方玩縱盜賊措置乖方陳奏得實交部議敘

二十八年夏六月御史陳壇王東槐毛鴻賓奏山東捕務廢弛柏葰陳孚恩奉上諭密查山東通志

二十九年夏四月貸滕縣雹災倉穀緩徵　鹽務改爲官辦

咸豐二年賑滕縣水災十一月粵逆竄逼武昌湖北鹽法道王東槐以丁毋憂解任佐守省城十二月初四日城陷死之

三年奉上諭丁憂鹽法道王東槐著按官階加一等賜卹該員嬰城固守臨難捐軀大節凜然著於該地方建立專祠以慰忠魂湖北巡撫駱秉章奏請也（見國史王東槐傳）　奉上諭置義塚　七月豐縣匪皇甫棠擾微山湖

七年春大饑人相食　五月麥大熟

八年捕總役賈金魁倡亂誅之（賈邑人也庇盜最力四方之棍匪咸以賊進日設筵四五席以待城幾危矣知縣黃艮楷誅之）　八月有星出西北方久而南移光漸滅

九年頒行御製訓飭州縣條規　捐輸軍餉　四月捻匪由嶧而滕徐州鎮傅振邦來援賊奪路走

十一年春正月奉上諭徵收錢糧折銀　二月幅匪（卽棍匪）陷夏

鎮　三月初七日幅匪火縣東關初九日捻匪圍縣城凡二十七日解去　時城中米薪俱匱居人斯几案牀櫝以爲食賊將去聲言得賂即解邑人戶書周景善土著張安福縋城往說之賊酋方住車路口王姓家行成歸鑄贗鋌貳千兩饋之乃去當圍時匪已暗入城有人入明倫堂見匾上有辮綫下垂訐之復見其微微上引呼巡守者立牽下鞫之久有見城隍廟鐘樓下燃火一星近視之詰問從懷中搜出火扇擒送官鞫出細情一夜搜出二十七人駢誅於城隍廟西　捻匪破鄭家寨大廟寨四鄉燒殺甚慘　五月彗星見西北方　七月捻匪由滕北竄　十月捻匪由滕奔豐碭回巢

同治元年五月捻匪竄徐州及滕嶧　六月另股黑旗捻匪至夏鎮漕督吳棠檄總兵陳國瑞扼禦　七月彗星見西北方長竟天　出畝捐旋停止　十月白蓮池教匪與幅匪合夥滕大

援 十二月綏徵明年春賦

二年金星晝見 夏四月總兵陳國瑞統兵駐滕縣城剿鄒縣猴子山白蓮池教匪白蓮池者教匪宋維明等所踞巢穴中環九大山山峻路險賊砦其上出劫入保爲患歷有年所國瑞兵至所部皆服紅䘣褔賊中稱紅孩兒軍逆酋劉雙印率黨逆戰國瑞命部將郭寶昌襲其後過其歸路康錦文潛師伏山徑中俟賊過半橫出截之國瑞自將一軍衝其中堅三路夾擊斬賊萬餘擒劉雙印等二十餘酋餘賊負嵎死守不出攻月餘未下至七月會夜大雨國瑞料賊防弛乃冒雨緣崖暗登大破之斬逆酋宋維明劉錦春等教匪平時科爾沁僧親王方督山東軍

防以捷奏得　旨賞穿黃馬褂滕人感國瑞德立生祠祀之

三年九月捻股由海而郯合股西奔分擾滕嶧鄒　滕縣東鄉有幅匪楊某蕭沅王存王鑾子等均為官軍擒斬之　捻匪及豐沛湖團犯臨城夏鎮德楞額粲愷迭擊之

四年春正月太白晝見　三月山東藩司丁文誠公與捻匪戰於西倉橋敗績時橋上有槍葯箕二兩武弁恐葯入賊手乃自燃火與之俱碎　四月十五日天裂如十字無雲而雷是月二十四日僧邸陣亡

六年九月捻匪分擾滕嶧鄒官軍追擊之　頒發經史山東通志

九年予殉難道員王東槐謚曰文直並准其於原籍自行捐建專祠將該故員同時殉難之妻女家丁等一併附祀子宜勛宜

勸宜勰宜劼均著欽賜舉人山東巡撫丁寶楨奏請也山東通志

十年子已故鹽運使銜補用道原任滕縣知縣張文林入祀名宦祠　補常平倉穀　春縣捕何順劫已革山西總兵某于界河誅之何順沛邑人也最趫健先是江督馬新貽被刺辭連山西總兵某獄具遣戍道出滕縣宿界河何順入夜往劫之歸來日未爽也越日事露邑令洪調笙命擒之何聳身越城不及者半尺役人渠玉琨以蚰蜒戟刺之立死

十一年十二月乙未日重輪抱珥五色翌日如之

光緒元年蠲免同治七年至十年積欠錢糧

五年四月奉上諭前據給事中王昕奏山東委員高文保被殺一案元惡輕縱請將朱永康立正典刑冬節當交大學士會同刑部妥議具奏茲據奏稱朱永康身為縣令屢次強借商民銀

兩已屬貪婪不法迨委員高文保提犯伊姪朱寶森以誘殺揑報等情告知朱永康立時聽從並不阻止又以謀情與幕友密商許給委員李樹堅捐項一同揑稟嗣因緝兇緊急又給予朱寶森銀兩同趙輦子等一併縱令逃逸就該犯所供各情節而論事前則陰謀詭計逐一知情事後則兇手要證全行縱逃且被殺即係查提控案之人是該犯先有圖脫己罪之意居心實不可問可否改為斬監候等語詳加批覽王昕所援李毓昌被害情形成案固有不同朱永康情節重大實屬罪浮於法著即改為斬監候歸入本年秋審辦理廣壽等原奏將朱永康發往黑龍江各節既係按照本律定擬即著勿庸置議理問銜巡檢

高文保業經降　旨照銜從優議敍著再加恩照四品官議卹山東通志

六年　上自製碑文賜殉難道員王東槐其詞曰　朕惟致命遂志者人臣篤棐之忱顯忠遂良者朝廷激揚之典自來犀軒導烈馬革捐生靡不載在旂常銘之彝鼎爾原任湖北鹽法道王東槐靖共在位淑慎持躬由文學而致身入詞垣而通籍朶殿奏凌雲之賦倚馬才工柏臺表司直之風避驄望峻八騶入儤聯鳳閣之崇班五馬宣猷典熊湘之劇郡龍章載錫豸服爰加始奏績於閩江繼榷鹽於鄂渚泊妖氛之壓境適銜恤而居喪人方謂瓜代及期桃僵幸免比班超之羈異域自可生還緬

曾子之居武城原無官守爾迺援壘絰從戎之義矢金革無避之衷服縞登陴援枹誓衆鑿凶門而招死士歌虞殯以勵同仇方冀鐵牝扃威牙璋奏凱蒼兕破飛廉之陣火牛解即墨之圍無如銅馬鳴張紙鳶援絶斷霽雲之指劍血猶腥張李陵之拳鼓聲不起遂勢窮而力竭羌城破而身亡碧血漂乎國殤丹心誓爲厲鬼歸元蒿里先軫之面如生瞋目九原杲卿之背尙裂考諸謚法勤學好問曰文敏行不撓曰直惟爾其庶幾焉於戲綉像褒忠之觀俎豆惟馨招魂大別之山弓刀自動稽諸舊典爰泐貞珉貽爾後人欽承嘉命

籌設電線及電報局

十年蠲免同治十一年至光緒五年積欠錢糧

十四年高熙喆等上書於撫東大臣請以黃來麟黃來晨入祀
鄉賢祠疏入奉朝命允之　旌表徐孝子芝田
十五年蠲免光緒六年至十三年積欠錢糧　寬免本年酒稅
十六年夏五月二十四日大雨水壞房舍無算龍泉塔底層水
爲漫　九月初四日軍機大臣面奉　諭旨都察院奏山東紳
士高熙喆等請將已故道員專祠由地方致祭一摺已故湖北
鹽法道王東槐原籍專祠著准由地方官春秋致祭禮部知道
欽此　謡言北方兵變人心惶恐數日乃定
十七年五月　上諭張曜奏運河道者安工次被劫獲犯訊辦
請將疏防員弁摘去頂戴一摺此案匪徒拒傷道員搶劫銀兩

並傷人役多名情節重大非尋常盜案可比難保無巨匪溷迹其間亟應迅速拏辦以遏亂萌著張曜督飭地方文武就已獲人犯嚴行訊究並將案內首要各犯嚴拏務獲從重懲辦不准一名漏網山東滕縣知縣秦應逵該汛把總袁其智於此重案毫無防範僅予摘去頂戴不足示懲秦應逵袁其智著先行革職仍勒令協緝該部知道

二十年蠲免十四年以後積欠錢糧　設宣講員四人赴四鄉宣講　聖諭廣訓

二十二年舉行昭信股票　每地一頃輸銀五兩每年五釐生息三年歸本謂之昭信股票

二十四年春正月朔日食　改以策論試士

皇太后訓政復制藝編修張星吉奏罷昭信股票（山東通志張星吉傳）

二十七年停武科並童試

二十八年二月奉上諭軍機大臣等有人奏山東辦理稅務弊端百出請飭查辦一摺據稱山東有漏稅者准人告發証者不坐且提漏稅二成充賞丁役訛詐貽害多端等語差役藉端擾累實爲地方之害著張人駿認眞查辦妥定章程務恤下情而杜弊端另片奏滕縣匪徒綁人勒贖隊長王桂蘭通匪分贓現已查拿到省近聞有人規避處分欲爲開脫等語並著確查究辦毋稍徇縱仍飭將餘匪緝拿懲治以靖閭閻原摺片均鈔給閱看將此諭令知之（山東通志）

二十九年裁運河閘官閘夫　裁沙溝營都司官　行銅元及銀幣

三十年蠲免連年積欠錢糧

三十一年停科舉及歲科試

三十二年舉貢考職　頒禁煙章程　王桂蘭瘐死兗州獄

三十三年鹽運司委員赴嶧縣設局試辦次年滕縣鹽務改爲印委合辦將嶧局裁撤併入滕局兼設鹽巡一營以維淮私浸灌檔案　山東通志　知縣蕭膺壤以王晁留莊白晝劫案革職　長備軍駐邑治勦匪

三十四年春築邑治中空礮臺東南西北二處

宣統元年裁撤儒學訓導
三年九月初九日陸軍協統王振畿死事於雲南　裁撤儒學
教諭　十月江防營至駐偏師於邑治　范盈作亂營長梁世
昌禽之縣薦高立誅死　十一月前路巡防統領孔慶塘駐防
邑治勦教匪李書印擒斬之　元尚書劉德温墓當鐵道改葬
之　毛遂墓在薛城北門外當鐵道改葬之

【道光】濟寧直隸州志

（清）徐宗幹修　（清）許瀚纂

清咸豐九年（1859）盧朝安刻本

五行志

前志云舊以編年紀祥異而一州之大事不可不載也故用竹書之名首以紀年凡郡與建置古蹟所不及錄者並紀之即分見各類者亦標領於前列於卷首今移分野之次而謹述禨祥爲五行記其於兵制河防及鉅典攸關者別爲人事記並人沿革封建不并書

周敬王三十九年魯西狩獲麟今獲麟堆

漢地節四年五月山陽雨雹大如雞子深二尺許

河平四年夏四月山陽火生石中

陽朔三年三月壬戌隕石於山陽郡東八

建平四年四月山陽湖陵雨血廣三尺長五尺

按府志漢建昭五年山陽橐茅鄉社有大槐吏斷之是夜復立於故處建平四年四月方與民王鮪畜生子先未生二月兒啼腹中及生不舉葬之陌上三日人過聞啼聲母掘收養之[illegible]漢平二年東萊海出大魚二長八九丈高二丈餘據五行志補此與州乘無涉因書任城王博薨而併及之也

和帝　年任城生黑黍或三四實實二米得黍三斛八斗　按晉郭璞爾雅釋草註概云漢和帝時未詳某年俟考

元嘉元年夏四月不雨任城梁國饑民相食

太康二年六月高平大風折木發屋壞邸閣四十四區　四年大水　五年任城暴雨害麥豆八月大雨雹九月池水赤如血

南宋元嘉十七年七月壬申甘露降高平金鄉方三
十里
按兖州府志及前志記南宋元嘉二年白烏見山陽二十六年白兎見高平方與鄒
隆三年春夏大旱濟州等十餘州苗皆槁蝝
生
德三年大饑
禧三年六月乙未河決滑州天臺口潰没濟
鄆等州注梁山泊合泝濟汶泗諸水東入於
淮
嘉祐七年大饑

熙甯四年二月辛巳京東自濟州至河北大風
百姓驚恐七年大旱民多飢殍
和三年大飢人相食
統元年河決務州治於金鄉時河決決惟金鄉獨存
安二年春大旱六月霖雨斗米千錢
元十七年六月濟甯路大水平地丈餘 二
十六年六月濟甯等路霖雨壞稼
貞元年濟甯路大水 二年五月蝗 蝻
八德十年春大饑
大二年七月蝗大饑

皇慶三年三月隕霜殺桑
延祐六年八月饑
泰定元年六月水有蝗　三年瑞麥生五月蝗
致和元年霖雨害稼
至順三年蝗有蟲食桑五月大水
元統二年大水饑　四年六月任城金鄉魚臺
嘉祥大饑人相食
至正四年五月河決汶任城六月大水害稼任
城魚臺嘉祥金鄉人相食　五年河決濟陰
濟甯路大水　八年正月辛亥河決　十三

年河溢金鄉魚臺墳墓多壞　十九年九月
河決任城　二十五年二月河北徙濟州
路漂沒田廬百餘萬
明洪武元年河決曹州雙河口入魚臺
永樂四年蝗發粟賑濟　九年河北決入魚臺
洪熙元年大饑
正統二年淫雨汶上運河泛溢河決陽武灌金
鄉魚臺嘉祥　三年東平嘉祥大雨隄潰水
沒州北門　八年旱　九年旱　十二年旱
蝗

景泰元年金鄉學宮東産芝一本　三年大水
成化六年大旱泉流枯竭　七年大饑　八年
旱運河水涸　九年旱大饑大風紅光燭地
有頃晝晦如夜舊志缺月日　十三年地震六月水
十九年大水　二十一年地震
宏治六年饑會通河溢壞官民廬舍無算　八
年河決張秋及濟甯　十年漕河決　十一
年河南徙濟甯魚臺單金鄉等州縣皆爲巨
浸州以南諸閘盡毁　十七年九月金鄉地
震

正德四年旱蝗製水車於南旺激水而運免盤剝之苦

嘉靖二年運河水涸　八年旱蝗　河決飛雲橋北徙魚臺舟行閘面　九年河決塌場口衝穀亭　十三年河南徙運河淤　十七年旱　二十二年運河水涸　二十五年運河水竭秋河決水浸金鄉諸縣　二十六年旱河決曹縣衝穀亭運道淤　三十二年河溢運道淤大饑人相食　三十三年大有年瑞穀生有三穗四穗者　三十六年河決原武衝陷曹縣城決北堤由城武金鄉入運河

隆慶元年大水　六年漕河水溢　十六年六饑六月龍起魯橋黑龍潭　二十二年大水二十五年夏淫雨大水　三十二年八月河決豐縣由昭陽湖穿李家港口出鎮口上灌南陽單縣復潰濟甯魚臺平地成湖　三十八年民家猪產象　四十三年旱大饑

萬歷十八年嘉祥五賢祠產靈芝補輯

天啟二年六月二日地震有聲如雷陳伯友海鷗居集云壬戌二月六日久陰初晴至夜三更地大震百年未經之變未三月有妖賊之禍前志續纂

四年大水

崇正十三年旱蝗大饑汶泗斷流　十四年旱
蝗大饑人相食疫　十六年二月大水蠲賑從左
諭德楊士聰請

國朝

順治元年四月嘉祥青山惠濟公廟有金玉之音
人以爲
熙朝之瑞　二年大水河決泛溢濟境　瑞麥生
睢家莊生員李道增地產麥有六七岐者　七年河決荆隆口泛州
境　九年七月淫雨害稼　十五年淫雨傷
麥
康熙四年大旱無麥　七年六月十七日戌時地

大震 九年河決曹縣泛州境 十年冬赤

十七年旱冬無雪次年春河道臬方恒禱於泰山大雪隨降 二十年春州大堂火 二十一年春州城大火關帝廟燬惟神座無恙 二十二年旱總河靳輔借撫施賑 六月大雨水沒田廬 二十三年春大饑秋大有年

三十七年饑 三十九年州民張文學妻一產三男 四十年州民党泰珠妻一產三男

大水人避城上 四十八年六月淫雨城中泛舟七月下旬又雨八月二日大雨 四十九年夏旱秋水州民閻士有妻一產三男

雍正三年大有年　四年大水　七年大水金鄉魚臺禾盡淹　八年六月大水

乾隆元年大有年　二年二月五日有黑風從西北來晝晦旱　七年九月河決石林口湖水溢金鄉魚臺無麥苗　九年魚臺蝗　十年水（金鄉城鹹洼見城郭樹木形逾時而沒）　十一年四月金鄉魚臺大雨雹傷麥　十二年秋州及嘉祥大水　十三年春饑四月大雨雹州及金鄉魚臺大水　二十年金鄉魚臺大水　二十一年七月河決徐州之孫家集潰魚臺隄壞城郭（徙縣

治於董家店徵山湖水二丈三尺泛溢六七
州縣濟寧南鄉田被水浸者八百頃魚臺田
七百頃　閏九月東五里營王盡忠妻一產三男
二十三年秋州及金鄉魚臺大水　二十六
年秋七月河決曹縣劉洞口泛金鄉魚臺禾
盡沒金鄉城幾壞　二十八年秋金鄉魚臺大水
三十一年魚臺大水　三十二年五月　日
大風拔木金鄉産瑞麥嘉禾知縣王天秀繪圖　三十
六年秋水　三十九年二月三日大風晝晦
四十二年春甘泉出濟泮池右泉出甚甘名日聖源池西有古槐已
枯數年復榮　四十三年夏旱運河水淺總河姚立德奉旨求雨中軍

聊城王昔禱於泰山甘霖登降　四十六年夏大雨秋河決開封之考城水淹州南鄉自許鄉以至嶧縣交界北西首曹單合爲巨浸金鄉魚臺二邑壞地淹沒過半水週金鄉城數尺知州王道亨率其屬築月隄護城並於四門各紮船濟渡　四十八年秋旱以上前志　○四十九年大有年　五十年旱　五十一年春旱大饑　五十五年水　五十七年旱

嘉慶元年河決　二年河決南鄉漂沒　五年大有年　六年大有年　七年大有年蝗不爲災　八年蝗不爲災　九年水　十年春三月二十三日隕霜殺麥得雨復蘇麥大熟　十五年水

十六年旱　十七年旱　十八年旱大饑
十九年水　二十年秋疫　二十一年水牛
頭河決南陽諸湖水倒灌南鄉水深丈餘積四年不涸二十四年秋
水牛頭河堤橫壩並決七月二十日雷擊州城南樓冬大
雪
道光元年四月朔日月合璧五星聯珠是年大疫
二年三年大雨水　四年蝗五月大風
五年蝗旱　八年水　九年水十月二十二
日地震　十年閏四月二十二日地震八月
水　十一年大雨雹水　十二年水　十三

年水冬大雪　十五年春旱秋蝗　十六年水　十七年蝗　十八年水　十九年水四月初四日雷擊州城北樓瑞穀生南鄉生員王徽思地產嘉禾一莖二三穗繪圖勒石城樓二十年六月大雨水泗河漫溢牛頭河決二十一年瑞麥生南鄉監生馬之騄地麥秀雙岐繪圖勒石城樓二十二年大有年

按前志稱山左邑乘自昔稱安邱爲最首列總紀一卷因倣其例先以紀年舉一州典故之大者提綱挈領按年特書茲分爲二卷上察之天時下驗之人事災祥並紀休咎有徵司牧者所以志脩省也至於象緯星變非一邑一州之所主前志畧焉今從之

（清）盧朝安纂修

【咸豐】濟寧直隸州續志

清咸豐九年（1859）刻本

濟甯直隸州續志

五行志

道光二十二年麥被雹共一百餘莊

二十三年秋禾被水共一百餘莊

二十四年秋禾被水共三十餘莊

二十五年秋禾被水共一百餘莊

二十六年夏大雨害稼

二十七年六月大雨水汨民居龍鬬於東南郭外

壞漕船數隻

二十八年州人李紹祖生元孫海齡五世同堂紹祖

生乾隆三十六年五十三年生子馥桂馥桂於
嘉慶十二年生承恩承恩於道光九年生毓慧
毓慧於道光二十八年生海齡道光三十年紹
祖年七十九歲業經有司詳請旌表

二十九年春大雨雹

三十年泗河水溢由灌塚集接篤莊上吳家灣下
吳家灣黑土店等地方秋禾盡淹又值豐縣黃
河決淹至城東南一帶村莊

咸豐元年秋末雷雨交加害稼　豐北口決東南大
水害稼

二年夏秋大雨害稼　十一月六日地震　十二
月大雪

三年三月雨雪寒甚八日子刻地震

四年秋禾被水共六十餘莊

五年黃河由銅瓦廂處決口北行淹至城西南一帶村莊　魚臺大水

六年旱蝗爲災秋無禾

七年春大饑人相食　夏麥大熟　瑞麥徧野一莖二穗多至九穗者　有蝗州牧盧朝安先事豫防及時撲滅　不爲災　冬

十月州人王化成妻一產三男

八年八月有孛星出西北久而南移光漸滅

濟甯直隸州續志

大政志

道光二十二年二麥被雹勘不成災

二十三年秋禾被水勘不成災

二十四年秋禾被水勘不成災

二十五年秋禾被水勘不成災

二十六年秋禾被水勘不成災

二十七年清理洸泗樓城城基并修補殘缺各處

二十八年城垣坍塌　河帥鍾祥捐廉倡捐并州

牧黄作霖率各紳士分段重修奉

旨緩徵下忙錢粮

二十九年奉

旨緩徵下忙錢粮

三十年奉

旨緩徵上下兩忙錢粮

咸豐元年奉

旨蠲免以前舊賦

二年奉

旨賑濟災民

三年復修城垣　河帥福　濟　捐廉倡捐并署州牧

來秀率各紳士分段修砌
四年以黃水災奉
旨截留東漕賑濟貧民
五年以黃水災奉
旨截留東漕賑濟貧民
六年奉
旨緩徵下忙錢粮
七年秋被水旱勘不成災
八年秋禾被水勘不成災　十一月十二日皖匪
數萬北犯州牧盧朝安率兵勇在金鄉王德集

擊退之并獲僞帥二名賊目數名州境平安

十二月州牧盧朝安督率團總閻克顯史成元
等重濬牛頭河上游長六千三百十七丈下游
八千六百六十六丈合計八十三里有奇匝月
畢工鄉人名曰盧工堤

州人李聯堉挑濬牛頭河記事值危疑艱鉅之
時能不淆衆論而適愜羣情卒告成功以收近
效者如吾州盧太守之挑濬牛頭河是已按明
史地里志牛頭河一名塔章河由濟甯西二十
里首受永通牐洩出漕河之水注耐牢坡至魚
臺縣境内蓋黄河故道也洪武元年河决曹州
雙河口流入魚臺命中山王徐達開此河以通
漕河當時亦於此行運後漸淤塞 國朝乾隆
二十九年知魚臺縣事馮君振鴻開南陽坌河
以達西北坡水而牛頭河遂廢嘉慶中屢欲疏

濬因居民各徇利害之私聚訟紛爭議挑不已咸豐八年十一月皖匪長驅北犯烽火烜赫草木皆兵太守帥衆禦侮州境賴以綏安而閭閻臧踏不遑慮冠復還無權藉以資戰守且狼奔豕突之餘嫻習馬隊摧陣衝擊迅馳莫當非摧以溝渠洫以泥淖不能淪陷馬足由是遂有挑河之議而或以費用支絀與不便於田者藉口太守力屈道謀決意挑濬於嘉平吉日督團練閻克顯史成元輩物土宜量事期依牛頭河故道剔涸鋤淤春鍤迭興朞月蕆事上游長六千三百十七丈下游八千六百六十六丈紆計八十三里有奇澄波溶漾曲墊蜿蜒縱有驍騎騰驤亦敢冀鴻溝之踰也哉況功資漕運利被農田亦不僅爲禦冦設也蓋漕艘往來全賴微山湖水而此湖瀦水則專賴牛頭河所受坡水由南陽昭陽二湖注微山湖然後濟運無絀今牛頭河開坡水俱通即使陽亢雨愆而運河之溜仍自汩汩然來矣且濟甯西南幾爲澤國而西南之水惟藉牛頭河爲之宣洩使此河不浚下流淤澱日高西南二鄉水患可勝言乎是以太

守該河溥仁人之利者非一手故承命而樂記之而益徵有志者之事竟成云

九年正月州牧盧朝安於四關廂外建築土城一座周圍計三十二里本州官紳士民等承辦

刑科給事中會稽宗稷辰土城記云天下有天險有地險天險者先儒謂危懼在心得人和以感天下是自然之險出於天也若大河前横峻嶺陡絕雖曰地險實由天生易言王公設險以守其國險而待設乃善守者通以至誠協乎人心因地制險而其成有天道焉地險輸天險也濟之爲州三百里而近距河三百里而近距漯皆所謂天險鄉者河北徙而合漯以東寇焉無所限遂肆侵掠州西南境數月屢至于是行堅壁清野之議曹單滕嶧漸已就莊舍增壘州屬嘉祥多山魚臺多水皆有險可禦獨州西南至金鄉支流淤淺不謀設險無以拒寇州大夫盧子曉亭亟疏牛頭河八十三里以阻之仁足爲外衛矣惟州城無外郭廛市輻輳在郊關清之

則無地以遷民堅之則無地以置障文武史士暨父老以爲大發盧子早夜以思周循近郊相度地形衡覽南通運瀆之河西有馬場之湖東來究府洸迴諸水忱然曰欲收地險爲天險者不在是耶誠使渠之斷者連之塞者疏之沮洳者浚之用其土可爲防防如垣守其防可爲臺爲闍爲砦皆有鐵葉門門旁有候人舍梁其涂上易石以木平時可履警時則收陴睨其垣之上無事可瞭望有事可施機銃砦門以外復爲磚石礮臺渠水交會有牐有埧又有水關壩以隄埽繫以鐵索其舊有浮橋者加鞏固焉如是豈不足名險乎遂與州人士議先蠲俸錢爲集羣力試行一隅而工舉趣成三隅而衆信功將蕆盧子邀余繞郭徧覩歷三十里見其崇者登庳者厚流者瀹止者決環而爲守者皆水也峙而爲守者皆土也土與水各效其能以相守而遠近聞者竦耳行者重足狂突之馬不敢深入是猶之金城湯池矣綜而計之其程功凡入營之而竟初肇於西南濟安臺其次起慈燈寺南岸沙涯南爲中心牐與隆門懸釣橋建望樓東

至王母閣水坑邏以備艇分置墩臺又次起運河東涯韋馱棚閣其上折而北東葺文昌觀音二閣自興隆門至清華洞土中涌泉者二皆甚甘冽度興隆橋復修半截閣至楊家牐而止又由牐西岸北經林家橋踰橋入砦門至火神廟是在北關又自府河北岸迎北而西由天仙閣至常濟觀亦有樓砦木橋又由觀南折而西之西關夏家橋其樓砦亦如之又自橋順河過馬場湖之引渠循北岸而南訖於濟安臺其垣大率高八尺頂廣五尺女墻高二尺廣二尺砦頂廣不過丈河面至壩底深不過丈河口廣以二三丈許底廣半之平地所開廣於舊河一倍垣上梁口礅墩以四千計傍垣種椰約以萬計其工共長五千四百二十三丈用官民捐錢四萬八千餘貫歲修之費市廛籌積以爲之備蓋閱三月而告成事是役也盧予心力孔殫不敢自以爲功謂助貲者若而人助力者若而人幸作省成尤賴運河副使與諸寮佐將校協和交濟既以陳於大府當上聞恐後無所稽攷屬余詳記其朔始顛末以鐫石垂永久乃推原古聖

人垂訓設險之意而爲之記

四月東南隅建義學於楊翰林街節孝祠之舊基監生孫如鏡五品銜馮德基監工

李聯堉義學記吾鄉於禹貢屬徐州之壤在班書爲富城之區儒風閎經術載延漢晉以還代有知名之彥斯固土厚川明鬱其輿之翹秀實亦詩書有造士之方庠序有育材之地也稽沛城舊置義學不一其所而地頗變易如傳舍然咸豐八年五龍宮道南有假館僧廬爲義學者馮桂山中丞憫其湫隘思更張而修廓之因楊翰林街官基一所定厥準直集腋鳩工堂廡垣墉以次而舉中丞環顧而示衆曰是學也專爲寒俊子孫嶄然頭異而不能延師者設後之君子其恒葺而勿廢乎昔歐陽子吉州學記有云古者致治之盛衰視其學之興廢斯言深有味也竊願入學而位卑比者思發正之功善教童子勿徒以文藝爲先必首以質行爲重葆孝

悌忠信之良戢暴戾恣睢之漸責實效而不務虛名斯無負中丞之意也夫至於善氣薰烝以而偃化食椹之鴞並懷好音兵刑茫茫或藉此而略可挽矣是則義學之關乎風會豈細故哉

潘守廉修　袁紹昂、唐烜纂

【民國】濟寧直隸州續志

民國十六年（1927）鉛印本

濟寧直隸州續志卷之一

五行志

傳曰天有三辰地有五行人事感召災祥應之州境瀕湖帶河尤多水患匪惟沴氣抑亦地勢爲之今賡續前志自道光二十二年訖宣統三年凡災祥之數皆著於篇而水患則十居六七云

道光二十二年夏麥被雹共一百餘莊

二十三年夏彗星見秋禾被水共一百餘莊

二十四年秋禾被水共三十餘莊

二十五年秋禾被水共一百餘莊

二十六年夏大雨害稼

二十七年夏六月大雨水汨民居龍鬬於東南郭外壞漕船數隻

重修城垣

二十八年州人李紹祖生元孫海齡五世同堂紹祖生於乾隆三十六年五十三年生子敬桂敬桂於嘉慶十一年生承恩承恩於道光九年生毓懸毓懸於道光二十八年生海齡道光三十年紹祖年七十九歲詳請旌表

二十九年春大雨雹

三十年泗河水溢灌塚集接駕莊上吳家灣下吳家灣黑土店等地方秋禾盡淹又值豐縣黃河決淹至城東南一帶郇莊

咸豐元年夏五月大水秋禾雷雨交加害稼　豐北黃河決口黃水至州南關小南門外

二年秋七月大雨害稼　金鄉大水　十一月地震　十二月大雪

三年黃水仍在濟　三月雨雪寒復地震　金鄉大水

四年秋禾被水共六十餘莊

五年夏六月河決銅瓦廂其經流在曹州府城西其支流漫衍於金鄉自西南斜注東北入州境北行淹至城西南一帶村莊　魚臺大水秋蝗食禾　十一月金鄉井水凍凌厚寸許

六年饑蝗　朱鮪墓近村雨血數處大如席點如菽豆或如桃杏花

七年春大饑人相食　夏五月麥大熟瑞麥徧野（有一莖二穗多至九穗者）蝗不爲災（以知州盧朝安先事預防臨時撲滅）　冬十月州人王化成妻一產三男

八年秋八月有彗星見西北方久而南移光漸滅

九年大水　六月雨雹

十年大水

十一年大水夏五月彗星見西北方　秋八月朔日月合璧五星聯珠（日初時見於東北）

同治元年夏七月彗星見西北方長竟天

二年夏五月金星晝見　秋七月日赤無光十餘日月亦如之月既望日晝晦不雲若霧　大水

三年秋蝗豆蟲　金鄉大水

四年春正月太白星晝見　三月初十日日赤無光　夏四月戊寅天有白氣作十字形東西長南北短南移漸滅秋旱蝗

五年夏大水廬舍傾圮過半階前游魚出沒　秋大風拔木禾稼盡損多傾頽

六年夏麥大熟

七年春正月雷震大雪淹麥　夏六月大雨淹水

八年春泗水溢麥多淹沒　夏六月禾盡淹沒　冬雪水淹麥

九年饑

十年秋九月鄆城侯家林河溢波及金鄉

十一年大水

十二年夏麥大熟

十三年春旱　夏五月彗星見西北方十餘日方滅　黄水爲災淹沒禾稼其流直抵泗堤淸水直至金鄉南周花園朱家窪等處

光緒元年秋水大平地深尺餘金鄉直抵護城堤　冬無雪

二年春旱　冬大寒樹木多凍死

三年春夏旱甚　秋大無

四年春大旱

五年春三月雨淋樹枝成冰果不實

六年秋大旱麥種十分之一
七年夏五月彗星見東北方
八年秋七月彗星見東南方　冬十月日暈三環移時乃滅
十二年秋七月乙巳日赤無光　冬十二月乙未日重輪抱珥五色
翌日亦如之　大雪古樹多凍死
十四年春饑　夏大旱禾盡枯槁　秋癘疫大作
十五年大饑
十七年冬大寒
十八年夏四月雹　秋泗河决堤潰數處　冬十二月金鄉城南陳
家口村東平地陷一坎深約八九尺圍兩丈
十九年大水泗堤又潰數處　饑　金鄉陳家口村地又陷

二十年水

二十三年秋七月大雨禾盡淹沒

二十六年夏熒惑逆行入南斗　秋大水

二十八年大水

三十一年大水

三十二年夏五月大風拔木飛瓦走石

三十四年夏五月雹　六月魚蕈蝗

宣統元年夏太白晝見　秋大水

二年夏雨雹成災　秋蝗旱

三年春正月朔子刻大雷雹雨冰　地震　夏長星出自昴畢其尾直達斗牛之次　冬無雪

【民國】濟寧縣志

潘守廉修　袁紹昂纂

民國十六年（1927）鉛印本

右日躔中星

民國四年仲家淺下兩岸決口長十四丈八尺賈道尹景德堵之并修韓家灣化家淺便民閘北便民閘南新店南新閘北新閘南共工五十八段共長二千七百八十三丈

五年一月七日日奎三環是年仲淺莊南決口長六丈師莊閘缺口長十一丈疊橋北決口長一丈一尺鄧道尹際昌修之并修運河北路東岸二里半安居莊南曹井橋北通濟閘南小長溝西岸十里堡莊

安居莊南永通閘莊北曹井橋北白家嘴莊南鍾家坑長溝北寺前堡運河南路東岸小龍灣石佛閘莊南小賈家灣南新閘莊南西岸趙村莊南大龍灣韓家灣九里碑六里灣南上四里灣新店莊新閘莊新閘滾水壩共四十三段共長二千二百八十三丈又新閘南滾水南壩頭護壩枕廂埽一段

六年仲淺莊南缺口一道長七丈鄧道尹際昌堵之并修運河南北兩路堤二共計四十段共長一千七百五十四丈又北路西岸永通閘北護沿埽工一段長二十五丈又南路西岸辛閘西南滾水壩南護壩枕廂埽工一段長十丈

七年大水冬疫是年被災地方錢濟并緩

八年大旱蝗災冬疫是年緩米

九年春旱蝗災夏大水秋禾淹沒是年緩米

十年春饑三月隕霜殺麥夏秋淫雨五十餘日泗河水溢由南賈集接駕莊上吳家灣下吳家灣黑土店等地方淹死人畜無算秋禾盡爲淹沒又値黃河決口運河泗堤淸城東南一帶村莊半成澤國是年緩米

右五行

民國元年九月防營因欠餉密謀譁變有日矣蕭士杰聞信告密經官府紳商議決提欵發餉事遂中輟安靖如常是可謂消弭大患於無形者

六年秋南北軍相持魯蘇匪焰未淸督軍張懷芝率兵南下境內空虛又値改編定武軍于三黑等不受約束率衆譁變因而煽亂土匪遂

【咸豐】金鄉縣志略

（清）李壘纂修

清同治元年（1862）刻本

事紀

史家最重編年年爲經事爲緯以事系年而后前後始末釐然可攷志乘之有年紀總紀亦此意也事莫重於興廢因革兵戎寇亂及國家徵發頒恤諸大政野學之士罕能紀載即有之亦隨世湮沈而一鄉一邑之事又不能悉達於朝廷故歷代紀事鮮有專及一邑然其事之不遺於一邑者則亦一邑之事也金鄉縣小邑數千百年之事變亦繁不可數矣學識寡陋又無諸家史志可資采稽姑即耳目所及略爲編次災祥自星變外亦備載爲蓋天事人事常相因也輯事紀略

周 傳曰夏桀爲仍之會有緡叛之夏商之際有事矣年不可稽故事紀自周始

桓王七年鄭伯齊侯魯侯伐宋取防 春秋魯隱公十年夏翬帥師會齊人鄭人伐宋六月壬戌公敗宋師於菅辛未取郜辛巳取防左傳庚午鄭師入郜辛未歸於我庚辰鄭師入防辛巳歸於我杜注高平昌邑縣西南有西防城

惠王十五年宋公齊侯遇於梁邱 春秋魯莊公三十二年杜注梁邱邱城在高平昌邑縣西南

襄王十五年齊侯伐宋圍緡（春秋僖公二十三年杜注緡宋邑高平昌邑縣東南有東緡城）

秦

始皇帝二十六年初并天下分天下爲三十六郡（緡昌邑二縣屬薛郡）

二世二年十月沛公攻胡陵方與十一月還軍亢父　三年沛公從碭北攻昌邑（沛公遇彭越昌邑因與俱攻秦軍戰不利還奪剛武侯軍并攻昌邑未下而西遇越屯昌邑胡陵方與亢父皆邑東境昌邑邑西境故並書）

漢

高帝七年封陳錯爲橐侯（橐城在邑東北）　十一年殺梁王彭越夷其族

景帝中六年封梁孝王子定爲山陽王（無後國除）

武帝元光三年河徙頓丘決濮陽瓠子注鉅野通淮泗汎郡十六（以田蚡言久不塞）　元朔五年免山陽侯張當居（當居以景帝中二年封至是坐爲太常擇博士弟子故不以實免爲城旦爵絕）　元封二年幸東萊還塞決河（於是河決濮陽二十餘年）

奐帝過而傷之身自臨塞築宣防宮作歌曰不封禪兮安知外　太初元年始以正月爲歲首

天漢元年遣繡衣直指使者發兵擊東方盜賊　四年立子髆

爲昌邑王　十一年薨謚哀王子賀嗣

昭帝元平元年四月帝崩迎昌邑王賀入即位尋廢復還昌邑王即帝位凡二十七日行淫亂大將軍霍光用田延年策奉臣奏太后廢之歸故國賜湯沐邑二千戶誅其從官二百餘人哀王女四人各賜湯沐邑一千戶　七月迎武帝曾孫衛太子孫病已入即位是爲孝宣皇帝年十八矣　十一月立皇后許氏昌邑人暴室嗇夫許廣漢女也后立逾年封廣漢爲昌成君

宣帝本始三年霍光妻顯弒皇后許氏謚恭哀皇后　地節三年封許廣漢爲平恩侯許延壽爲樂成侯許舜爲博望侯　四年五月山陽雨雹殺人大如雞子厚二尺餘　元康二年遣使賜山陽太守張敞璽書書曰制詔山陽太守其謹備盜賊察往來過客毋下所賜書於是敞知爲舊昌邑王賀也乃奏賀清狂不惠狀帝意始釋　三年遣舊昌邑王賀爲海昏侯就國豫章數年揚州刺史柯奏賀交通賓客請逮捕

詔剖戸三千後因除元帝初復封賀子代宗爲侯傳至東漢和帝時猶有爵土云

元帝建昭五年山陽橐茀鄉有大槐樹吏伐斷之夜樹復立故處

成帝建始二年立皇后許氏平恩侯許嘉女 四年河決東郡 河平元年以王安世爲河堤使者塞河決 四年四月山陽火生石中 詔改明年元爲陽朔 陽朔三年三月壬戌山陽隕石於郡東八 鴻嘉三年廢皇后許氏至綏和初自殺 永始三年山陽鐵官奴蘇令等殺長吏叛凡數百人久之乃捕誅於時南昌尉梅福上書言布衣竊窺國家之隙乘間而起如蘇令等蹈藉名都大郡求黨羽求附和而無逃匿之意此皆輕量大臣無所畏忌故國家之權輕而匹夫與上爭衡時以爲篤論

哀帝建平四年四月山陽雨血廣三尺長五尺大者如錢小者如麻子

東漢析東緡置金鄉縣屬山陽郡

光武帝建武元年赤眉入長安山陽人曹竟死之王莽之亂竟去官歸更始復以爲丞相不受賊入城手劍鬭死 五年徵嚴光周黨王良王成至京師成不受

官賜帛遣還　十六年羣盜起遣使捕除之令使者下郡國聽羣盜自相糾擿五人共斬一人者除其罪吏雖逗遛回避者皆勿問聽以禽討爲效守令界內有盜賊及捐委城守者亦勿罪惟蔽匿者罪之[illegible]但以獲賊多少爲殿最於是更相追捕賊遂解散

明帝永平十八年京師及兗豫徐州大旱

安帝永初元年調揚州五郡租米贍給東郡濟陰陳留梁國下邳

山陽

順帝永和元年以王龔爲太尉在位五年乞休歸

桓帝延熹九年下司隸校尉李膺太僕杜密等二百餘人於獄名曰部黨明年改元永康赦黨人歸田里禁錮終身靈帝建寧二年復治鉤黨殺李膺等百餘人四年以帝冠大赦惟黨人不赦熹平五年更考黨人禁錮五屬至中平元年黃巾賊起始赦黨人當是時賢人君子之禍可謂烈矣劉表張儉等逃匿逋竄蓋十有餘年

獻帝初平元年山陽太守袁遺等起兵討董卓　以劉表爲荊州

刺史治襄陽尋改爲牧　三年黄巾賊入兖州　興平二年以

曹操爲兖州牧　建安元年以王暢爲司空數月以水災策免

昭烈帝章武元年四月漢中王卽皇帝位建安廢之次年也伊籍與法正等造蜀科蓋在帝未卽位時

魏

明帝景初元年兖徐豫三州大水是年魏更建丑以三月爲夏四月

晉改山陽郡爲高平國省東緡入金鄉

武帝咸甯三年青徐兖大水　大康二年六月高平大風壞邸閣四十四區

惠帝元康五年徐兖豫大水

明帝太甯元年以郗鑒爲尚書令時鑒以都督揚州兖州諸軍事鎮合肥王敦忌之表爲尚書令鑒過姑孰敦拘留之久乃得出至逆與帝密謀除敦

帝奕太和元年燕寇兗州濟高平數郡　三年桓溫伐燕六月至

金鄉使將軍毛虎生鑿鉅野三百里引舟自清入河九月及燕

人戰於枋頭敗還（但欲伐燕郗超諫謂道遠河淺糧運難繼溫不聽果敗還恥之遂謀廢立以威衆）

安帝義熙十二年劉裕自加中外大都督將兵伐秦檀道濟克洛

陽遣使修謁五陵

南移高平郡治高平縣省昌邑

宋入金鄉又置金鄉郡治焉

文帝元嘉八年檀道濟敗魏師於壽張　十二年帝有疾召司空

都督檀道濟入朝（明年下之獄並其諸子皆殺之）　十七年甘露降高平金鄉

富民村方三十里（徐州刺史趙伯符以聞）　二十八年魏寇徐兗豫青冀

州皆陷之（所過郡縣赤地無餘春燕歸巢於林木）

梁

武帝天監元年追册故妃郗氏爲皇后（謚曰德）

隋 高齊濟北郡開皇初復置昌邑後仍併入金鄉

文帝開皇二十年十一月天下地震是日立晉王廣爲太子

唐 武帝初置金州後廢移戴州來治縣隸焉復析置昌邑尋又廢戴州昌邑以金鄉屬兗州

高祖武德四年兗州總管徐圓朗反明年平

太宗貞觀元年山東旱詔所在振恤蠲其租稅是年分天下爲十道無山東然所在云者其地廣矣 四年戴州水 天下大稔斗米三四錢 十六年戴州大水舊志云武德八年戴州廢通鑑稱日貞觀中又兩見姑存俟攷

高宗顯慶元年免山東丁役 儀鳳二年河南北旱詔遣大臣崔謐等分道振給侍御史劉思立言麥秀蠶老農事方殷衆集參迎妨費不少旣緣振給須立簿書本欲安存更成煩擾不如且委州縣振給從之

中宗神龍元年河南北十七州大水

明皇帝開元三年山東大蝗民間焚香設祭無敢殺者姚崇奏遣御史督州縣捕瘞之次年蝗又起崇

令捕如前盧懷愼倪若水等刀沮之不聽　十三年大有年米斗有五錢三錢者　二十九年立振饑法令採訪使及州縣不待奏報先給後聞　天寶八年禁天下挾兵器時承平日久議者多謂兵可銷於是民間挾兵器者有禁子弟為武官父兄擯不齒猛將精兵皆聚於邊中國無武備矣

代宗廣德元年以賊降將薛嵩田承嗣李懷仙為河北諸鎮節度使唐失河北自此始

宣宗大中十二年河南北淮南皆大水

懿宗咸通九年桂州戍卒作亂判官龐勛將之陷徐泗宿濠等州

十年徐州亂兗州發兵駐魯橋

僖宗乾符元年關東旱饑濮州人王仙芝等作亂陷濮曹等州冤句人黃巢聚眾應之是時關東連年水旱有司不以實聞賦斂愈急百姓流莩無所相聚為盜所在蜂起巢等乘之橫行山東數月間眾至數萬

三年令天下鄉村各置弓刀鼓板以備盜

五年曾元裕破斬王仙芝於黃梅黃巢自稱衝天大將軍

陷河南山東江西諸州　中和四年李克用會許汴徐兗之師於陳州黃巢走兗州其黨斬之於瑕邱以降　光啟元年詔招撫淮賊秦宗權宗權殘掠更甚於巢河淮之間千里無煙火矣

昭宗乾甯二年朱全忠取兗鄆等州

五代晉

高祖天福六年河決滑州兗州濮州皆漂溺詔發舟船以濟災民河水東流闊七十里南人咨河攸揚州河

宋屬濟州

太祖建隆元年遣使分振諸州　三年大旱濟鄆等十餘州苗皆槁死蝝生　初令諸州不得專決大辟　乾德元年初以文臣知州事以常參官知縣事　開寶四年河決澶州通判姚恕坐棄市投其屍於河恕初為開封判官謁趙普閽者不時通恕怒徑去普憾之至是遂因事坐以極刑

昔謝安石有言獨不能爲性命忍須臾乎蘇子瞻曰嗟無性命憂且復忍須臾者傷之也若怨而可謂負氣而輕性命矣

太宗太平興國八年河決滑州經澶濮曹濟諸州壞廬舍無算東南流入淮　淳化四年河復決澶州

眞宗景德三年大饑　大中祥符六年除諸州農器稅　天禧三年河決滑州漬沒濟鄆等州注梁山泊合汴濟汶泗諸水東入淮

仁宗康定元年詔天下立義倉　慶歷四年河北雨赤雪河東地震　詔天下州縣皆立學　嘉祐七年大饑

神宗熙寧二年議行新法遣使察天下農田水利　四年二月京東自濟州至河北大風百姓驚恐　更科舉法給諸州學田　七年大旱詔罷新法不果

哲宗元祐元年罷新法　紹聖元年盡復所罷新法

徽宗建中靖國元年正月朔有赤氣亙天中含白氣外復有黑祲

欽宗靖康二年詔兩河民降金民不從

高宗紹興二年僞黃廷堅所書戒石銘於州縣舊志云儒學舊在縣治西宋紹興中

移建北門內不知何年縣西舊址

在今人祖廟其地尙納學租云

金

熙宗皇統元年河決移濟州治於金鄉治先在鉅野

世宗大定元年河決淹沒曹單金鄉民居廬舍殆盡　九年金鄉

縣尹聶天祐改建儒學於縣治左壽河北上即今地紹興舊址今爲東岳廟

宣宗貞祐元年蒙古兵犯河東河北山東州郡多陷時宋甯宗嘉定六年也兩

河爲蒙古所殘毀山東遼東又爲

羣盜所據見宋眞德秀遼事疏　興定三年張林以山東附

李全歸宋宋嘉定十二年也表云綮七十城之全齊歸三百年之舊主

元屬濟甯路

世祖至元十七年濟甯路大水平地丈餘　二十年詔停燕南河北山東租賦　二十二年增濟甯濟州三千艘役夫萬二千人

成宗元貞元年濟甯路大水

仁宗皇慶二年初行科舉

文宗至順三年大水金鄉魚臺尤甚

順帝元統二年大水饑　四年任城金鄉魚臺嘉祥大饑人相食

至正四年五月河決曹州泛單州任城金鄉魚臺嘉祥大饑人相食（命賈魯治河）　五年河決濟陰濟甯路大水　六年山東盜起蔓延濟甯滕邳等處　十一年遣使振鄆被寇人民（死者給鈔五錠傷者三錠燬居屋者一錠）　十三年河溢金鄉魚臺墳墓多壞　十七年命山東分省團結義兵（每州添設判官一員每縣添設主簿一員專率義兵資守禦各路達魯花赤提調聽宣慰）使節制是時韓林兒黨毛貴陷山東諸州縣鎮守黃河義兵萬戶田豐應之攻陷濟甯路朝廷下詔招諭令出降敘復原任嘯

亂士卒皆給資糧不聽十八年山東地震　十九年山東蝗飛蔽天日人馬不能
行　二十一年陝西行省左丞察罕帖木兒復濟甯路田豐降
察罕謀知山東羣賊自相攻殺田豐叛降賊乃自陝至洛大會
諸將鼓行而東至騐河遣子擴廓帖木兒率諸將以精卒五萬
擣東平大破賊將崔士英等察罕以豐據山東久軍民服之乃
遺書諭以禍福豐與李秉彝及東平賊王士誠等皆降遂復東
平濟甯路　二十三年山東赤氣千里　二十六年黃河北徙泛濟
甯路漂沒田廬百餘萬　二十七年明兵收濟甯路縣令劉玶
率眾歸附時吳元年也

明初屬濟甯府洪武十八年改屬兗州府
太祖洪武元年詔蠲免山東州郡夏稅秋糧時初立山東行中書省以州郡新附故有
此詔　河決曹州雙河口入魚臺　二年詔府州縣皆立學　三
年始設科取士　六年停科舉令有司舉賢才分爲十等　八年詔
天下立社學　十五年復行科舉　二十六年詔有司振饑勿

侯報　修學宮建社稷風雲雷雨山川諸壇皆知縣范士康縣丞李瑾修舊志未系年皆洪武間事也

建文帝建文二年燕兵掠境

成祖永樂四年蝗詔發粟振濟　九年河北決由縣境入魚臺　十五年頒五經四書性理大全於學宮

仁宗洪熙元年大饑免山東及淮徐半租

宣宗宣德六年初令官軍兌運民糧

英宗正統二年霪雨河決陽武灌金鄉魚臺嘉祥諸縣　八年旱　九年旱　十二年旱蝗　十三年禁用銅錢洪武初鈔一貫折錢千至是只折錢三文故嚴禁之然使鈔不便小邑下戶尤以為苦　河決一北行至壽張沙灣壞運道東入海一南行至懷遠界入淮南北濟二千餘里

景帝景泰元年縣東文昌祠產芝一本　三年大水　四年始令

生員納粟入國學　重修學宮知縣沈義倡修

英宗天順元年遣使振直隸山東饑時徐珵以振饑多弊議欲勿遣李賢曰有與勝於無振乃卒遣之夫振饑難於詳實里書乾沒亦所不免然亦愼擇其人詳定其法耳豈有因噎廢食坐視死亡而不救者文達之言眞宰相語也

憲宗成化六年大旱泉流枯竭　九年旱畿南山東大饑人相食

大風紅光燭天旋黑晝如夜志失月日　十三年地震　十九年大水　二十年河南北山東西俱大旱　二十一年地震　知縣盛德增修學宮及諸祀壇壝

孝宗宏治六年饑　八年河決張秋　十一年河南徙濟甯金鄉魚單等州縣皆爲巨浸　十六年知縣高魁主簿唐鵬修縣城　十七年地再震

武宗正德四年旱蝗　六年流賊劉六劉七等攻縣城尋舍去

按舊志不載流賊事惟渴沈二修城記引之一日賊不敢犯一日恃守兵全是城亦陷也州志則云六年賊破金鄉十月劉寵劉晨等焚分司署執主事王寵發釋之未知孰是

世宗嘉靖二年河決大水　八年旱蝗　十三年河南徙運河淤十七年旱　二十五年運河水竭秋河決浸金鄉諸縣人多溺死者　三十二年河溢運道淤大饑人相食　三十三年大有年　三十四年民家產一牛二首　三十六年河決原武衝曹縣城由城武金鄉入運河

穆宗隆慶元年大水　二年三月大雷雨壞廬舍無算　三年大雨水饑　五年九月桃李牡丹俱再華十月無霜

神宗萬歷元年四月地震房舍皆搖動有聲　四年河決大水壞民屋大半禾盡沒　知縣楊楫奏文以里甲編入均徭　六年冬大雪厚三尺許竹盡枯樹死大半　大修縣城　七年初修

縣志昔楊侯事

少卿胡汝桂序緡舊無志志蓋自楊侯始侯悼文獻之久湮也屬志於余余居制多病且不能文然嘗亦以久缺典籍爲念故不獲已而詢父老搜遺蠲蓋逾年而成卷僅存什一於千百云夫志史也有天道焉故首之以分野有地道焉故次之以疆域有人道焉故次之建置封爵職官食貨秩祀兵防而以列傳終焉是故謹災祥以修政辨疆上以宜民務財崇文重祀謹戎而治道幾矣茲亦楊侯意也余故略述其梗概云

郭東藩序在周官詔官事則有志語地事則有圖方輿之紀自古重之矣我明握極御宇聲教所被幅員之廣視昔有加而疆理之制則一統有志各省有志若郡若邑靡不有志凡夫有裨吏治者不以世遠而遺不以事微而遺不以例繁而削必無失故實允孚輿論使考實者足以證其變策務者足以覈其眞褆身者足以軌其迹茲志之良者也若後稱辭忽民事崇浮議狃成心斯濫觴矣是必有忠厚易直之心博洽淵涵之學諳練恢宏之才備此三善可與言志矣金鄉自魯僖公時見於春秋漢天漢間王以封其愛子爲王國屹然一名區也顧文史未備豈經歷朝沿革之後散失於兵燹曠焉而弗修與每臺使者稽往觀風移檄徵志輙倉卒摭拾冗雜以應其求難關有令排計督者率役役於期會簿書之閒伈伈睍睍承接附炷之靡暇顧議志爲何物耶余每與奉常泗津胡君商及文獻恒私竊慨悵焉會商邱知江楊公以淳儒爲第侯於金鄉志植德宏行約才務暇乃擒華造士推

謹修文固過奉常君以志事論焉於常訓詩然任之一切筍闕疑滯候時將商略隙說未邀期品志成覩故之摭拾冗雜存不什一也蓋奉常君素號藉籍前所謂三者云者既核之以酌偏劇辦淑慝與當軸者爭論一堂之上卒不爲屈手令數列名吏部者承奉常君首屈一指焉縱修邑志乃出其緒餘者耳如聚材度工以任則堂劇之宿稍爲良吏民矣乃其他結構則稍從樂棟俗有於當訓諸大簪小移想就長者不大有遷延邸第脫稿將壽諸梓俟其序言見屬受役職典尤極夙願敢黑黑乎大政之德學在乎人事之修廢闕請過民之向背徵其德金鄉故稱疲憊今則取稱民物廢興利學以戶口則向之去廬舍者皆引領歸散輸矣歲增殆什之三四也以賦役則綜隱卸浮歲省之數視戶口歲增之數相等以里甲則通取辦於均徭之數百爾供億鎌銖不以侵民故民不知有里甲也以公署則政聽資諮以及吏胥不安息之所鼎列鱗次視昔之頹垣敗壁不可使止者皆煥矣以學校則諸所亭齋講習之處廢不更置出驪而上益知所嚮望一川城池則重闢飛閣粉堞金湯功巨費約緩急足賴而里甲一節其勞在官逸乃在百姓其費在官利乃歸閭閻尤斷斷然爲節用惠民之懿規凡今類皆三禩郎得代以三禩之勞費易百千萬人之逸之利縱功自愛者何憚不幸由之以上數事皆邑民耳目所覩記彰彰尤著者志俱紀之矣故曰君子志其遠者大者夫志史之流也總鑑昭焉用無訛政無淫行侯嘉惠之甚盛心也第曰仰承繁星儕及昆蟲草木之細抑末矣敢因次第其志之所由成而申告焉

二十九年大旱山東河南赤地數千里是時礦稅中使四出奸民橫行盜賊起矣

三十二年八月河決豐縣由昭陽湖穿李港口出鎮口上灌南陽單縣復潰濟甯魚臺平地成湖邑舊志不載州志載爲隆慶年中亦未言金鄉災然濟單之間大勢可知矣

四十三年旱大饑

四十六年加天下田賦先是已加川湖及淮陽賦矣至此復加派地畝遼餉金鄉共加銀五千四百八十兩三分四釐九毫八絲七忽

遼撫周永春疏爲遼左事勢危急微臣誤蒙簡用懇乞聖明急飭當事大臣速講足兵足餉長策以大張神氣早收桑榆事臣愚不肖以原任禮科都給事中起復候補身羈京邸夢繞慈闈於是承乏供封樹之役而皇上不俞也未幾而提督四譯館之命下矣甫到任而遼撫遼東之命下矣夫遼東何地也遼撫何任也而誤以畀臣臣之飲冰又奚待言雖然自有遼事以來當事大臣悠悠泛泛彼此判若秦越精神不相聯貫局外者既昧於安危之形局內者又牽於拘攣之議淤之來也驚若遊釜之魚敵之去也安若處堂之燕人心渙散神氣全隳臣憤懣於中久矣倘邀宗社之靈得一當以報朝廷臣之踵頂又何足愛故臣不敢辭難惟以足兵足餉賓薪爲皇上顙懇而已今之議兵者曰遼兵不堪用也則調薊鎮矣調宣大山西矣調南京川東水兵矣又調川貴矣一鎮急則各鎮互爲救援此自定地然爾比遼之兵强半乞丐比至

出關來多沃回撫臣語臣謂待彼中報有確數再議調夫此不堪留之兵皆沿途催覓頂替者也遷延徘徊數月不進一捏造時皆係正身到日却多沃回遼左既不得精健之用本鎮又已虧精健之實虛費安家行糧往返徒成兒戲與其沃於至遼之日何若審於臨遣之時責成各該督撫務挑選精壯銳親驗器械即以本管將官領之仍造年貌及各器械冊赴經略衙門查驗如不係精健及器甲不堅利者該督撫即行罷斥如有中途縱容雇覓替代領軍將官即以失誤軍機斬之應幾調一人即得一人之用早一日即收一日之功不然今日調十而不得五將來十且不得三矣今之議餉者以借貸扣減事例為長策明旨亦以委於邊計有裨褒搭之矣而未必然也調兵十萬馬疋稱是人日食米若干鹽菜若干馬日飼草若干豆若干以月以歲計之其用米若干萬石豆若干萬石草若干萬束以遼之現在本色計之米豆草若干該遼將士總兵月給廩糧若干副將若干參遊若干備禦千把總等若干軍士本色折色兼支月費若干查照征倭征播事例宜酌議加增若干若有功將士賞不逾時陳古軍丁大加優卹此又不可以額數限者也一一打算豈數米而炊之所能濟計臣曰吾已湊處二百三十萬矣勿論彼此爭執尚非實數即使盡發而大軍四集米價騰踊草豆鮮少戰馬餓死即三百萬之數不當百萬之用可遽曰已足耶臣博稽輿論僉謂非在地畝量行加派斷乎不可而何計臣之緘口不言耶至於督餉大臣自遼事初起臣即論言於眾時以為迂今審時度勢萬不可已若以山東撫臣加陞新銜另與勅書一

道節制近省一切軍馬應用米豆草束等項便於海者由海運便於陸者由陸運俱聽便宜行事期於絡繹至遼務使餉集而待軍無令軍手而待餉糧餉既足人心自奮不得交鋒接刃而神氣已張勝筭已在我矣然臣又有望於皇上者前賜經略尚方劍勅以先斬後奏天語凜凜誰不震惕然春溫之意少秋肅之意多何不發帑金數十萬令齎劍使臣一併解去爲犒賞援遼將士之用此綸音之滲漏而不及急爲補發者也伏乞皇上省覽臣疏急飭戶兵大臣將兵餉實著作速議處無徒以虛浮唐突致悞封疆再勅工部嚴督管造盔甲司屬如法成造再勅刑部及緝事衙門將流寓可疑之人盡行驅逐又諭內閣將遼東急切事宜明白奏聞或不時擬聖諭進覽如昔年征倭時輔臣王錫爵擬進聖諭數道以激厲文武將士是閫中之已事也臣一介書生謬荷重任年力雖云強壯識見殊欠疏通區區管窺求濟實用但得諸大臣精神聯貫宗社靈長之慶實式賴之矣臣無任悚息待命之至疏上奉旨遼東軍餉不敷依議照例暫於各省地畝量行加派事定即爲停止各司府官將現庫銀兩依限解隨派徵抵補勿得遲延有司官不許指稱多派事定不許朦朧再徵違者有司參處吏書治罪

光宗泰昌元年十月雨冰 即萬歷四十八年自八月後爲泰昌 前年蚩尤旗見長竟天

熹宗天啟二年二月地震有聲如雷 三月太白經天 凡一月有餘

五月妖賊徐鴻儒作亂陷鄆城鄒滕等縣知縣楊于涵與紳士嚴設守具賊越境去　五年知縣李園泰重修縣城

莊烈帝崇禎四年增田賦奉文前項應加遼餉銀原派數目再加三分之一金鄉原額五千四百八十兩零應加銀一千八百二十六兩有奇　十一年春旱六月始雨連雨三月平地成河　十三年旱蝗大饑史稱是時畿內河南山東西皆大饑復加徵練餉勦餉至七百餘萬而總理熊文燦用以撫賊賊愈熾　十四年大饑土寇蜂起路少人跡　十七年三月流賊翻天鷂子攻圍縣城不克肆掠而去　春夏之交日赤如血

國朝

順治四年正月朔日雷震　秋河决金龍口大水邑當河衝被患十年迯亡過半

九年

頒卧碑於學宫　十四年定賦役經制例　十七年八月地震

冬大寒牛畜樹木多凍死

康熙四年旱

詔蠲振　七年正月有白氣亘天自西北射東南　六月地震有

聲　九年　十年水

詔蠲卹　十二年知縣傅廷俊重修縣城　復修縣志自序云蓋聞圖志之書尚自邱索禹貢職方而下未有能廢者以之廣見聞昭勸戒驗風俗而形勢之險易賦役之繁簡教化之興替世運之汙隆皆取稽乎是而漫不加意焉可乎俊自丁未夏承乏兹土下車之日即取舊志閱之攷其星野山川食貨政治人文土俗欲資爲敷治之本迨稽其成志時蓋明萬歷己卯七年也距今幾百年其間滄桑代變濆徙靡常典籍雖存新舊殊

勢井里猶故也而民情之淯漓則興學塾猶故也而市廛之贏詘丁戶之增減則與日星陵谷不勝今昔之感節孝貞廉僅存遺老之口失今不記久且湮沒將觀風者無所採豈非司茲土者之責乎然修志之舉日切於懷奈自歷墨綬亂絲難理俗瘠民疲逋賦甚多連年補苴朝夕靡皇而修志之舉以催科奪水旱洊臻公私交困綴輯非倘終歲鞅掌而修志之舉又以災荒奪邇來稍得安集遂周諮詢訪參稽異同衷於舊志而續之間有易置損益芟改不過因時勢之異宜取詳略之有要俾賦稅有經食貨有紀文物有徵而兵民城社之制得以時稽形已耳其文簡其詞樸其述核實而不紊布帛菽粟不似組珍聊以備太史之采風供來許之徵信也如日紀載非易原本三才當準於易敷陳政教當本於書採風俗準於詩稽制度準於禮善善惡惡準於春秋則俊自分謗陋才非史長且鬳爾攢於錢穀稽升斛於簿書又何暇優游簡編以志乘之長自擅也哉

十三年裁減驛遞　十七年旱　二十二年春夏旱六月大雨水冬饑　二十三年頒

御書萬世師表四字於學宮　春大饑　秋有年　二十四年頒

上諭十六條於學宮　二十五年頒

御製　至聖先師贊復聖宗聖述聖亞聖贊　詔免山東地丁銀　三
業戶十之七佃戶十之三　二十六年水　二十七年饑　三
十年免漕糧　四十一年雨水傷禾
御製訓飭士子文頒學宮　四十二年以班匠銀攤入地畝　二
月大雨　四月連日雨有雹　六月大水
詔蠲四十三四兩年田租遣官發粟散振　四十五年大水　四
十七年旱　四十八年大水饑　詔蠲四十九年田租州志云濟甯全
鄉俱緩徵　四十九年夏旱秋水
詔蠲免地丁銀　五十一年知縣沈淵修縣城　修縣志自序云自來直
省郡邑志必彙而上之為會典為一統志及史館之所採錄
勿輕言纂修誠重之也淵待罪金鄉業經八載閱及邑志創
始於前明萬歷七年邑令楊君稱迄國朝康熙癸丑傅
君廷俊重修於今蓋四十年矣天道變于上人事更于下凡
歲時之豐歉政事之興除以及閭閻之幽潛軼事指不勝屈
倘不及今搜討恐後遂遺忘亦幸斯土者之責也爰諮之

紳先生暨子矜耆老諭謀僉同于是延請宿儒開館編輯務
令孜之正史參之通典會典等書旁搜近討闕疑存信始於
春三月迄夏五月自星野建置山川風俗戶口田賦學校官
師城池倉庫祠廟古蹟暨宦仕選舉人物藝文書者增其未
備新者續其可傳分爲十六卷淵不文敢以蕪詞爲貂續哉
惟是承乏有年早夜兢兢仰體大憲爲國爲民至意藉幸庶
幾一二可告無罪然又有事關民命心所欲行而格于時勢
姑存其端以待後舉者則又烏容默焉而已乎金鄉取遂者
有二一在復渠道一在減賦額渠道之宜復何也金鄉故有
八河上流自曹濮定鄆城鉅嘉單八州邑而下流分注入濟
者十之一入魚者十之九向使八河俱存則源有所承沛有
所洩自不至于淹沮突乃自金元迄明頻被淤塞有失其故
跡者所存惟城南之新挑河城北之石家橋河而又若於張
家橋之增築以截其流一遇恒雨突被衝告因十八年春民
饑乏食淵欲以撫河令饑者食力于工爲一舉兩得之計無
如下流之在魚臺者阻其議屢請不得徙就城東南與城單
接流之周家橋迤南別開支河一道分疏濬渠求橋舊河稍
資宣洩然水道究無全利此其有待者一也至於賦額何以
當減金鄉地惟中下二則舊賦載在會典中則每畝二分一
釐零下則每畝一分零自明萬歷四十六年與崇禎四年先
後議增遼餉中地每畝加銀六釐零下地每畝加銀三釐零
此特一時權宜補苴豈不日事定仍復故額哉 無何而闖賊
已傾矣我 朝寬大開基凡民情上達皆得蒙 恩蠲增賦
一事失于請豁積久相沿遂爲成額然而所苦幾何當此時

作窮民之得存活者鮮矣識者謂當日時勢曾討求蠲賦緩也陳
請大憲究以相沿已久不果允行此其有待者一也二者有
待負疲民多卽力所可爲者次第與舉不無少補要不若築
道賦額之關于民命者大也則且存其說以俟之知我罪我
所不計已若夫志之詳核則請託于採輯之勤
他日纂輯通志此固可爲先事之備也云爾

五十二年奉詔全免山東地丁銀人丁以五十二年爲常額續生人丁永不加賦

六十年大旱　六十一年大旱無麥

雍正元年頒

聖諭廣訓於學宮　二年建忠孝節義祠及劉猛將軍廟　三年

大有年　詔以錢糧耗銀歸公定名官養廉明年以丁銀攤入

地畝　四年水

御書生民未有四字頒學宮　六年水　七年水　八年大水

詔蠲賦九千餘兩振穀六萬三千餘石并頒給貧民葺屋銀戶一

兩五錢　九年　詔以上年濟兖東三府水災特甚加振兩月

復藏留漕米二十萬石平糶　十年
詔以兖東二府春夏少雨速行振邺平糶　十一年春　頒論語
二部於學宫
乾隆元年
御書與天地參四字頒學宫　大有年　二年旱免山東地丁銀
一百萬兩　四年五月河决水抵縣堤没半秋大水蠲振
五年
頒十三經二十一史於學宫　六年　頒四書文明史於學宫
七年河決徐州石林口湖水倒溢金鄉魚臺俱淹　八年　頒
世廟上諭及禮器樂器於學宫　十年水　詔振恤仝免山東地
丁錢糧　十一年　頒
欽定周易折中書經詩經春秋傳說彙纂性理精義於學宫　四

月雨雹厚半尺東北五方成災發倉穀振貸秋大水　詔蠲賦七千餘兩振穀二萬餘石　十二年大水復蠲振　十三年加振上年被水州縣　三月免山東地丁錢糧　秋復大水發帑金振濟幷蠲抵　十四年田賦　頒明史綱目三編於學宫　十六年水蠲田賦幷豁免　十一年積欠二十年正月雷電大雪秋大水蠲田賦五千七百餘兩發帑振濟　頒　御製平定金川碑文於學宫　二十一年七月大水八月河決徐州孫家集湖水溢逆流水益甚蠲賦振穀六萬四千石　二十二年大水蠲田賦遣官乘舟緣村振濟　二十四年　頒　御製平定伊犂文及三禮義疏於學宫　二十五年　頒大清律例督捕則例各一部　二十六年　頒鄉會墨選於學宫　六月大水七月河決曹縣劉洞口水抵縣城幾危　詔蠲賦截留漕米六

萬六千餘石散振

邑庠生周敦倫黃水記

乾隆二十六年辛巳春少雨麥後尤旱迄六月大雨連沛霪霖上流瀵湧而來飄忽震盪環攻城堤西南一帶尤當其衝土疏水迅隨築隨潰多方捍禦始免昏墊迨七月二十日謠傳河決豊縣劉洞口水將抵金鄉以驚恐之餘訛言乘之固然無足怪至二十二日夕塗人往來形色多皇云水且大至城外居民扶老携幼入城者絡繹不絕未幾有走而呼者曰水已踰堤四門盡屯矣無何大聲起於西南如沙奔如雷行如狂風迅發如急雨驟集怒號砰湃萬竅俱鳴蓋已潰堤抵城而沒其半當是時城外漂蕩城內驚擾繼之夜犬駭吠哰以北嘷以南與洶洶之聲相雜勁魂悸魄不知所措而北門水口滿溢街巷倏成巨浸水口者城下出水溝也倉皇中謀塞內口不意水自外口涌入匯蕢勇裂土石奔怒仰出若噴泉翻花激浪轟起尺餘實以土囊不能遏邑侯馳至議塞外口懸百金募善泅者外口故沃城橋下橋已漂水撓於岸變厲噴薄力不克施爰樹以長樁壓以修袱斗折盤旋久之方達其處以苞綿之物襦之外口塞而水之內攻者始息初屯門土務厚集門未扃以便啟閉求候視及水陡長沒岸急閉門外城門已為水所齧于是闔內門實以土木人擁城高數尺力猛勢迅從牆罅中迸出淙淙有聲急截大木為椿雜以草土附牆而堅築之高與水平水勢漸停洶得不濆自亥至辰乃稍定翌日巡視城隍低坦處岌岌欲陷者相勢築塞越兩日得完固城居者始慶更生焉獨念負郭居民奚啻萬室閭水至老幼婦女奔集城內依庵就廟啓夜哀泣丁壯營護室

家不忍舍去有乘桴者有騎屋脊者有樹息於岡者傾[illegible]
壁轉瞬漂泊村莊之隨流而盡更指不勝屈煙火絶隔寥垣
無存慘矣二十五日公親乘來勘且多挾舟偕綵麥則府發
役星夜馳報乞舟以濟不測故也比至先開倉廩平穀價隨
查漂沒田宅以請振卹則相之意溢於顏形藹諸論河痛
瘝乃身者撫而我邑侯與民休戚晝夜經營不遺餘力痛定
思痛何日忘之與憶前三載春夏之交邑人謀濬河道瀆欲
深廣岸欲高厚詢可綱數縣之水下注識者已不無隱憂謂
南北河距城僅數里岸峻則横亙隔絶水之近城者不得洩
勢必壅激且水入魚境會圍如帶更橋以東之塌以瀾之砌
不路以紆迴之上流勢如建瓴而下流不得達濟金邑遂為
澤國矣河伯為厲雖曰天災而習坎出坎均有人事焉因敘
其顛末而
為之記

二十七年蠲免積年民欠倉穀籽種牛具銀兩　二十八年水

蠲免錢糧　三十年蠲免二十八年帶徵　三十一年春輸鍰

本年漕米秋大水　蠲賦振卹　三十二年麥穀雙岐穗盈丈

棉開八房如蓮知縣王天秀作四瑞堂紀之　發帑大修縣城知縣王天秀

承修　三十三年重修縣志王序云粤自禹敷土奠川疆域貢賦靡不登載爰是後代圖志率因

之志者史之餘也邑志者又郡省志所籍以徵信取裁者也故韓昌黎核圖經於部郡朱紫陽首詢志於建康繇此觀之志之攸關於政治豈淺鮮哉周官小史掌邦國之志外史掌四方之志誠重之也惟是史者善惡並紀昭法戒著勸懲志則揚善隱惡與史較異要之因革損益實亦多借鏡焉金邑地近豫魯天垂房心在豫爲山陽郡在春秋爲緡邑山川人物周備然竟屬各道也披覽舊志不無缺略倘弗亟爲訂補何以備採風供徵信乎夫天官曰書地理曰志志從地也從地則親下親下則長民者事

聖天子稽古右文纂修續文獻通考業已告成各大憲仰體

至意胥以整修郡省志爲急豈茲下邑可聽其殘缺耶竊攷邑志肇自明萬歷邑宰揭君偕及

國朝康熙十二年傅君廷倓重修越五十一年沈君淵復重修之距今又五十餘載矣天道變人事更其待增補者亦指不勝屈矣余爲掩卷久之因謀之邑搢紳先生而與孝廉孫君斟酌參稽尋源於古以求其端證實於今以盡其變務期一歸至當俾無溢美無支詞而後已孫君力爲主持不少假借規例倣舊而略寓變通惟於前之漏者補之後之逸者增之使紛者理焉蔓者薙焉舛訛者釐焉庶令展卷者瞭若指掌燦若列眉後有作者默以俟之而已昔人言作史有五難志猶史也欲務賅以植教化則非錄微賤而所棄欲甄別以審是非則弗畏豪強而疑阻泯仇怨之隙絕請託之門論斷嚴而綜核當則質之鬼神無愧庸見拘夫人言茲志之修其諸信以傳信者與余亦承之二載政化未行然以爲志乘光寵自愧也聊以述夫作志之本旨與修志之顚

未其他已見於志中者不復具論是爲序　邑舉人[illegible]

修史難作志亦不易創作難續修亦不易吾鄉邑乘[illegible]於前明萬歷七年楊侯繼修者　國朝康熙十二年傅侯迄五十一年山陰沈侯謂傅志大簡復從楊志增補則楊志謝書必有可觀者惜版籍磨滅不可復睹矣戊子春仲邑侯晉昌王君謀重訂邑志集紳士而諮之僉委其事於余余固辭不獲竊惟金邑屬列中縣出明以前皆爲繁邑元史方輿所謂地大人碣者也由魏晉而上溯之爲名郡爲上國爲古虔國其風土崇物名臣先達當有不盡於前志所載者且人物中缺宋代選舉下志官齊時代亦間有附錯此百古之所宜進僭者直戊　朝治平百餘年涵濡滋息淇詩湧隱吾邑自乾隆丙寅歷今二十餘載半遭水患從來閒沒嗟佩倚是又朝廷深仁厚澤振綸罍沛保護而安全之者士民之謳思銘刻弗諼矣若夫　聖治休明英傑蔚起其克立德立功立言者所在多有歲丙戌奉　詔纂修國史自勳貴大臣循吏武功經明學粹韋布之士并節烈婦女卓然可紀者皆蒙採輯吾邑勳勞如趙永吉平定耿逆周一德得勦苗蠻善始善終無玷官常其他敦篤學守有裨治教者難可指數此先迹今之所當備詳者也爰不揣固陋覆取二十一史迹攷通志諸書旁參鄉邑舊志以攷摭於古更搜羅舊族譜牒志傳碑銘與父老之傳誦府史之收掌及著作之行世與家藏者以取徵於今凡八閱月而告成自星野疆域迄人物藝文共二十卷其條目詮於凡例而大指則缺者補之誤者正之後起者謹續之竭一己之力識所至以期無負乎我侯專任之雅意

圍邑交推之公心而已至於補之而猶有遺證之而猶或誤則以俟後之傳物者繼起而修明之要於今茲之役罔敢以草率荒略附會雷同畢乃事云爾

三十六年秋水　詔免地丁銀以水災六分七分八分分別蠲免　三十七年停止五年編審戶口之例　三十八年　詔全免山東地丁銀　三十九年八月陽穀賊王倫作亂陷壽張陽穀堂邑圍臨清各邑戒嚴十月平

四十五年知縣周士援續補縣志自序云縣之有志所以備通志一統志之採擇凡邑中有闕政治者載之必悉前志言之詳矣竊推先王重郊圻之畫疆以域民也而疆索既殊風會各別焉固不必廣谷大川民生其間者始有重輕遲速剛柔之不同也金之爲邑自昔號爲名區粵稽前編偉人傑士彪炳史策者指不勝屈今卽未必盡遜於古然民安畊桑士養廉恥所謂險健玩法之徒往往而鮮是固百餘年來我　朝廷德洋恩普仁漸義摩之所致而邑中先達有以維風而善俗弁茲斯土者共砥礪觀摩之效均不可誣也邑自前宋屬濟州元明以來改屬兗部今　國家陞濟甯爲直隸州以金鄉土壤相接復隸治焉則凡邑中之可供通志一統志之採取者無不附州志以上

矣惟是縣志之修前任王令於乾隆十八年始成其事歷時未久無庸復為改易但十有餘年城垣之修築與夫科目節孝之增益者尙屬弗備茲于披閱之下按例續補明舊志也又未嘗不煥然一新已 按當時雖有此序祗添注修城工段餘仍未備 六月奉文以兗州府屬金鄉縣改屬濟甯直隸州

四十六年夏大雨秋河決考城大水 詔振濟兩月 濟金魚共振銀三萬一千二百五十一兩 是時水自濟甯南東抵嶧縣支台莊西至曹單台為巨浸金魚二邑淹沒過半金鄉城不沒者數尺

四十七年加振上年被水州縣三月截留漕米平糶十萬石屯東昌二十萬石屯濟甯振銀共十六萬三千六百七十二兩零 四十八年加振金魚災民三月共銀九萬三千三百一十五兩有奇 四十九年大有年 五十年旱 五十一年旱春大饑 五十二年 詔緩徵舊賦 五十五年水全免

四十九年五十五年被災民欠錢糧 五十七年旱 六十年

詔蠲免五十二年至五十八年錢糧

嘉慶元年水

詔卹貧民一月接振四月錢糧分別蠲緩　二年河決大水振卹
蠲緩　三年蠲振　四年春奉
詔賞借一月口糧　五年六年七年竝大有年七年八年竝蝗不
爲災　九年水緩徵舊賦　十年三月二十三日隕霜殺麥得
雨復蘇麥大熟　十五年水　十六年旱借籽種緩徵　十七
年旱緩徵
十八年旱大饑教匪作亂知縣吳增游擊海凌阿捕平之教匪之起
自前二三年間係直隸人以燒香符水傳教愚民翕然從之
吏役營兵多與交黨浸衆十八年夏紳士有密稟官師者教
諭王訓導梁據以聞於學使張轉達撫軍同而署典史梁亦
上密稟合撫軍委弁潛訪實即委吳侯署金鄉事弁手給委
拏匪徒專札七月二十日抵任設法緝捕先後拏獲崔士俊
等十八人於八月初解省又拏獲周永康尉廷等十餘人訊
出傳教不軌弁有本應八月過劫分段爲九月等語隨密設
撫軍錄供解省急令查保甲選壯丁操演備用自九月旬一
日爲婚會逮兩十日無事初九日忽有鄉民高光貴上急變
言閒之悝明修云明日午後縣將大亂侯亟加[illegible][illegible]發[illegible]等

均程而與客以登高爲名周視城垣密諭城紳各備壯丁待用查點班役募丁共一百二十餘人各給飯食令三月內署役勿離官署是夜聞直隸長垣河南滑縣失守初十日派妥役二十人分路查街巳刻捕獲三人俱帶刀執旗一名趙廷三一僧名清方一名蘇景海俱言同教約會午後一火劫獄等情隨令急閉城門傳紳士分段守城一面飛稟一面知會鄰封戒嚴是夜守城燈燭不齊以香燃火雜置雉堞中令火光不斷十一月聞曹縣定陶同時戕官劫獄隨飛稟撫軍請兵守禦十二日會紳士於明倫堂申嚴守城禁令設四路台站選幹丁爲細作分探賊情十三日率衆至城隍廟設誓堅守流涕諭衆衆皆感奮是晚兗標守備蔣帶兵一百五十名至十四日河標參將齊帶兵二百名至本州王發餉銀一千兩并代募鄉勇三百同來助守俟以守具粗完不欲再用客兵厚犒鄉勇遣回是日奉文將清方等三人正法十五日賊自城南二十里菁子坑起事沿路焚殺擾正西竄去戌刻河標游擊海公帶兵二百名至聞賊匪西去齊參將志在守城不肯出勦奮然期於明日追賊十六日賊屯閻場巳刻官兵追及縱騎圍之賊大敗官兵四面攻勦俘殺略盡而還賊遂平乃益飭守禦嚴捕餘黨不一月縣境肅清菁坑之初起也首賊劉西祥李禕立等數十人騎馬披紅有纓頂襴彩持杖而舞者一遇官兵束手受縛可謂殲賊然非先獲多匪淸釐肘腋募勇請兵守禦周嚴賊未必不向城賊向城而禍不可量矣曹定其鑒也未事能防臨事能斷認眞竭力而濟之以機警剛明金之人所以思吳侯不置云

十九年春大饑秋水緩徵并借耔種　二十年疫　二十一年大水并緩徵　二十四年水蠲免二十三年以前舊賦　二十五年緩徵

道光元年四月朔日月合璧五星聯珠　頒

御書聖協時中四字於學宮

詔緩被水村莊田賦仍借耔種　大疫　二年以水災緩徵三年復以水災緩徵　四年蝗　五年蝗旱緩徵舊賦　八年水

九年水十月二十三日地微動　十年閏四月二十二日地微動八月水冬大寒　十一年大雨雹　十二年水　十三年水

自八年至十三年並緩徵　十五年旱　詔蠲免舊賦　十六年水　十七年蝗　十八年水瀋濟甯金鄉諸河　十九年水緩徵　二十年水緩徵　二十三年二十四年二十五年二十

六年金秋水勘不成災　二十七年水　二十八年二十九年
金以水災緩徵下忙錢糧
三十年
咸豐元年
詔蠲舊賦秋八月河決豐北口平地水漫三尺　冬
詔發帑振災民　頒
御書德齊幬載四字於學宮
詔振濟災民　二年春二月地震　六月湖水大　平地水四五
尺截留東漕振災民十一月六日地微動
三年三月雨雪八日子刻地震民飢疫多死者秋復大水　四
年南匪渡河二月陷金鄉知縣楊鄭白教諭公戴東守汎把總
何秉綸典史葉國霖及守城鄉紳張來陽等竝死之士民以不

屈死者萬計先是傳聞賊踞豐碭間之包家樓過河爾屯河無船眾皆謂黃河天險豈能飛渡卽渡及其半齊擊之將自斃無何賊竟於二月十六七等日結筏徐渡墊隊於豐境之劉家莊北陷豐縣西撲單縣境知單縣事今太守盧公急率兵勇迎勦連戰挫之賊折而北二十日踞曹未集距金城四十餘里賊之渡河也楊侯已會官紳分振守禦至是悉眾登陴誓共死守次日賊大至環城數匝攻百方自辰至未守具不給遂陷官紳皆殉賊踞城屠戮十不一存二十三日始拔營北去而土匪蹢躪入乘擄焚掠城內一空矣

秋以二月黃水災截留東漕振濟貧民　五年正月十一日盜戕督捕署濟甯州知州陳應元於縣城自南匪過後土捻蜂起金鄉捻首張景者尤凶暴結黨肆掠無敢誰何四年四月陳公自率丁勇潛捕之於田家樓手擒殺之獲其黨數人賊騷散西鄉以安五月大雨中襲賊於南鄉之興隆集獲其渠周大中等數人磔之秋逐盜於湖水路以清十月突至縣城捕數賊去公喜微行善跡盜疾之如讎時輕裝單騎密從數人遇盜卽於大眾中擒出之盜驚爲神然卒以過禍五年正月以事赴城武道聞有鉅匪匿金鄉卽潛往捕之夜入城徑搶盜窟盜窘挺出拒捕竟戕公市人聞之皆驚泣嗚呼或以公之死爲輕身公死盜久不獲而盜之膽愈大勢愈張然使捕盜更有輕身如公者數人盜於何有哉變亂以來功位歸奕而竟不測亦多矣

豈皆不自重其身者哉

夏河決銅瓦廂北行邑西北鄉被水截畱東漕振濟八月十二夜大雨水廬舍多圮城內行舟　劇賊王三托槊嘴等過縣城副將郝上庠追勦大破之賊逃還知縣胡鳴泰督鄉團捕獲於東大觀誅之　六年旱蝗緩徵下忙錢糧　七年春大饑　秋蝗不成災　修忠義祠　八年知縣王朝翼捐置厲園遷埋城內骸骨　四月皖匪北犯掠單縣境去八月復至掠金鄉南境生員楊青田等死者十餘人　有彗星出西北久而南移光漸滅　十一月十日捻寇復大至縣境皆滿團丁練總團死者數十人屠掠焚燒無算賊西至鉅野北至嘉祥東至魚臺縱掠四日濟甯州牧盧朝安率兵勇至金鄉王德集擊退之分兩路南去于是邑人驚竄日不聊生矣　九年發銀九千八百三十兩撫卹被寇災

民 知縣王朝翼大修縣城及城壕即用前項撫卹銀以工代振不敷各方捐助凡用制錢五萬八千五百六十千有奇自四月興工八月工竣有碑未刻

十年春三月十三日寅刻地微動 秋知縣錢廷煦濬邊河

李壘新挑邊河記

咸豐己未秋邑侯仲和錢公任金鄉三月平政利民四境初謐而邊河之議起邊河者省西南門戶大寖軫念時艱自大河北徙謀用人力爲天塹疏溝渠以樹保障者也西起曹邑西南界黃河大隄東訖魚境南陽湖隨地界折旋延袤凡三百餘里勢籍役繁費重工鉅方是時觀察曉亭盧公守濟州延三屬大夫而議焉授以章程諮其幹略公毅然曰要工也敢弗力踊郎籌土方稽度數勘徑袤酌盈絀召集士庶詢謀僉同迺首捐多俸爲率計方分段計段定功計功剋期經始於九年十一月初五日越三月功成長二千九百七十九丈闊二丈二尺深則水高者淺下一丈五尺臬諭者必及泉隄高一丈二尺趾闊二丈一尺顛半之蜿蟺翼翼屹若長城默默蜿蜒蓬於谿谷堤之山橋以木以時啟閉橋之內爲砦門望樓鞏固堅完聳入霄際既竣矣復下令沿堤植柳樂情歡躍不終日而樹徧自古大工大役時勢不容已者其成之貴速行之貴果其所以果而速者在任事之眞乎民之素而鼓舞激勸有以振衆志作衆力非皇皇急遽督促而已茲役之興設險固圉爲久遠規工分州邑十數主客紛若差壘各[illegible]

若復較計尋尺顧惜錙銖則事且不辦辦矣而役之不能擬其心董之無以善其術則成亦不能捷且完方公毅然自任時其氣固已周乎事之始終而卹民窮則捐資以倡之念民瘁則櫛勞以咻之使之公而諭之摯民於斯役之原所以安我而復撫我愛我而非朘我以自邀功利者也蘐乎鼓之不疾而速易曰說以使民語曰斂則有功非斯謂與夫功驗者不必莫其名而績彰者不能忘其實爰記梗槪勒之貞石其四方團總承公命有勞者亦併書焉　董事團總李墨擷鄧金峩張峙三袁惜盬工各方團長經費計七萬五千八百餘金則闔邑按畝捐輸也

重修城壕土圍增飭團練

李墨重修城壕大堤並增飭團練記

庚申春余自濟旋里鄉民肩舂揭赴邑踵於道問之曰築壕也濬壕也修堤圍也舉欣欣然有喜色不數日有歸自邑者曰功成矣城若干段壕若干段大堤增庳埤薄周焉備偹受於官皆有藏官不時至工所勞苦拊諭諄諄如家人以故眾不知勞報捷而工固余聞之喜問以詣於總局董事者皆曰然此前邑侯士公經始於城隍而今邑侯錢公完其功所未備者也功成議守設長勇若干名優其偹餉舍蓆纛咸具分段防護偵探備團長練謹者領之以時團操董勸久之皆奮厲無盜令者公初下車閱城中義勇意少之增募若干名定期訓練厚卹而嚴核之門派三十二名分屬四總局司巡邏稽察輪日赴鄉邑諸寨伺謀報必確又時延局人士諭以鑿

飭縣團僱勇練技備械而守法城中添製擡礮火槍凡守禦器具皆精實於是吾邑團練益有起色矣去冬曹定告警東南亦有伏莽盧公既率官弁紳勇赫然巡邊我公集衆隨行賊聞潛遁即請駐軍閲武盧公喜謂行之不解庶可倚無恐乎公固健者而尤慕古循良吏如吾邑名宦鄭文公之濟汋愛民秦伯平之禮教化俗抑先後顧救時急務則督率諸工尤要而數大端已卓卓建立如此憶吾邑團練舊法振於胡公鳴泰城禁新規成於王公朝舉公踵事而恢拓之鞏固而作興之綜前有而觀厥成非思深慮周曷致此哉余既趨公堂而謝焉退而記之屬董事者勒焉董事者邵金巽張峙三李壘拙張鴻江李鶴齡袁偕襄議監工者偷麟臺殷之璋以及各方團長於法宜附書

九月十一日皖匪竄入境焚掠無算

【康熙】魚臺縣志

（清）馬得禎纂修

清康熙三十年（1691）刻本

魚臺縣志卷之四

災祥志

敘曰古者聖人奉若天道敬授人時作璿璣玉衡以齊七政有保章之守有馮相之占有南正之司有太史之紀凡以察善敗勤脩省也下而侯國各有臺史以望氛祲占一國之休咎災祥之說豈誕妄歟漢儒作五行志宋馬端臨非之作物異志以物之爲災爲祥要皆反常初無類證則亦謬於禍福將至至誠前知之道矣魚之災

祥舊志鈌畧其間書者數千季來十餘事而巳又置襍志中若不足徵意者茲因旁搜郡志叅證隣乘上自春秋下逮今茲凡象緯之占五行之沴雖屬郡國而該括邑境者皆並邑事錯列於篇其或專屬郡治及繫他邑則不採焉作災祥志

魯隱公九季三月癸酉大雨震電庚辰大雨雪傳曰書時失也凡雨自三日以往爲霖平地尺爲大雪

莊公十有七季冬多麋京房曰廢正作滛爲大不明則國多麋十

有八年秋有蜮陸佃曰蜮陰物也陽消陰長惡氣之應二十五

年夏六月辛未朔日有食之鼓用牲於社傳曰非常也惟正月之朔慝未作日有食之于是用牲于社伐鼓于朝秋大水

鼓用牲於社於門傳曰亦非常也凡天災有幣無牲非日月之眚不鼓

二十九年秋有蜚劉向曰莊公娶齊淫女故蜚至以爲將生臭惡鬬于泗方也

僖公二十有三年冬十有二月隕霜不殺草李

梅實哀公問于孔子曰春秋記隕霜不殺何也對曰此言可殺也

宣公十有五年秋螽冬蝝生始生曰蝝既大曰螽秋虫未息冬又

生子災重及民也饑是時宜工稅畝亂先王之制而爲貪故有是應十有六秊春正月雨木冰何休曰木者少陽幼君大臣之象冰者凝陰兵之象也冰脅木者君臣將執于兵之徵秋大有秊

昭公七秊四月甲辰朔日有食之及降婁之次左傳晉侯問于士文伯曰誰將當日食對曰魯衛惡之衛大魯小公曰何故對曰去衛地如魯地于是有災其衛君乎魯將上卿是歲八月衛襄公卒十一月魯季孫宿卒

哀公十有二秊冬十有二月螽季孫問諸仲尼仲尼曰丘問之火伏而後蟄者畢今火猶西流司曆過也

按春秋時棠郎俱魯地故以上採書魯事

漢景帝元年三月塡星在婁幾入還居奎七魯

分也占曰其國得地爲得塡是歲魯爲國

武帝元光三年夏河決瓠子流溢於鉅野等境

宣帝地節四年五月山陽濟陰雨雹大如雞子

深二尺五寸飛鳥皆死其十月大司馬霍禹謀反族誅霍后廢

哀帝建平四年四月山陽湖陵雨血廣三尺長五尺大者

如錢小者如麻子後二年王莽擅朝貴戚大臣多誅是月方與民家小

兒埋弗死方與女子田無嗇生子先未生二月兒嗁腹中及生不舉葬之陌上

三日人過聞嗁聲母掘收養

東漢和帝永元二年正月乙卯金木俱合於奎丙寅水又在奎辛未水金木在婁屬魯分奎主武庫兵三星會爲兵喪在婁亦爲兵又爲匿謀竇氏伏誅之應

桓帝延熹四年有星孛於心屬宋分

靈帝光和五年彗星出奎逆行入紫微宮後三山六十餘日乃消屬魯分占曰彗除紫宮天下易主

按兩漢時湖陵方與俱屬山陽郡但徐兗二部異耳故以上事在山陽徐兗者或採之若象緯之兼奎婁心則前於星野志中

巳言之矣

魏景初元年九月霖雨兗徐豫三州水出溺殺居民漂失財產時魏崇飾宮室妨害農戰觸情恣慾水不潤下之應

晉武帝咸寧三年十月青徐兗三州大水是時賈充用事專恣正人踈外陰氣盛也太康二年六月高平大風折木發壞邸閣四十四區

惠帝元康五年四月有星孛於奎屬魯分是年魯公賈謐遇害六月東海雨雹徐兗豫三州大水時帝即位巳五載犹未郊祀其蒸嘗亦多不親行事此簡宗廟廢祭祀之罰八年徐豫

兖三州大水

東晉成帝咸康二季夏六月辛未流星大如二斗魁色青赤光耀地出奎中沒婁壯屬魯分占曰五穀分藏是歲旱飢

穆帝永和七季三月戊子歲星熒惑合於奎其年劉顯殺石祗及諸帥中土大亂

安帝義熙三季春正月甲子太白晝見在奎屬魯分司馬叔璠等攻鄒山魯郡太守徐邕破走之是季二月癸亥熒惑鎮星太白辰星聚於奎婁從鎮星也屬

徐州分是時慕容超僭號于齊兵連徐兖五年十二月辛丑

太白犯歲星在奎屬魯分占曰魯有兵是年劉裕滅慕容超

劉宋文帝元嘉二十年夏六月白兎見高平方

與縣

元魏宣武帝景明元年七月兖州等處蚜蝻生

大水

北齊文宣帝天和三年七月己未客星見房心

白如粉絮大如斗長如匹練漸大東行入奎

至婁凡六十有九日而滅屬魯宋分占曰兵喪飢旱

武成帝河清二秊十二月兗州大水時和士開元文遥趙彥深等專權

隋文帝開皇十四秊大饑

按自兩晉南北朝邑屬高平郡國部兗州故以上事在兗州高平者採之彖緯如前

唐憲宗元和十五秊三月鎮星太白合於奎占曰內兵徐州分也十二月熒惑鎮星合於奎占曰王憂

文宗開成五秊夏鄆曹青兗四州螟蝗害稼占曰國多邪人朝無忠臣居位食祿如虿與民爭食故比秊蟲蝗

按唐時縣部河南道屬兗州故以上事在

兗州者採之象緯如前

宋太祖乾德五年三月五星如連珠聚於奎當

魯分占曰有德受命大人奄有四方子孫蕃昌從鎮星王者以重致天下重福明年眞宗降誕六年正月壬寅歲星鎮星太白合於奎

屬魯分

太宗太平興國八年五月河決滑州之韓村泛

澶濮曹濟單諸州東南流至彭城入於淮塞

之弗就乃遣張齊賢以太牢加璧祭白馬津

端拱元年閏五月辛亥有星出奎如半月壯行而沒 占曰有溝瀆事

眞宗天禧三年六月河決滑州歷鄆濟單至徐州與清河合浸城壁不沒者四版

仁宗寶元五年七月單州禾異畝同穎

徽宗重寧五年正月戊戌彗出西方長六尺斜指東壯自奎貫婁 占曰主兵喪大飢

南宋高宗紹興八年六月乙巳客星出奎宿 占曰爲兵奸臣僞惑天子 三十一年五月河決曹單濮沒居

民盧舍始盡舊志載金大定河決漂民盧舍以時考之與此合

孝宗隆興四年河決李固渡潰曹州城分流入單州境

寧宗慶元九年四月丁酉太白晝見於奎壯凡十有六日乃滅六月丙申歲星見於奎凡百有一日乃伏

按兩宋時縣屬單州仍五代而損益之者也故以上事在單州者採之星纏如前若南宋時地已入金而猶紀宋元則正統之

義也

元武帝至大元年春二月辛卯濟寧東平大饑

七月濟寧大水暴決入城漂民廬舍

仁宗皇慶二年三月濟寧隕霜殺桑

泰定帝元年夏六月東平濟寧蝗

文帝至順二十六年春二月黃河北徙濟寧曹

州民皆被害

順帝元統二年東平濟寧曹州濟陰大水饑

至元四年夏六月濟寧單州金鄉魚臺等九

州縣大水饑人相食　至正十四季河決金
鄉魚臺漂沒墳墓有史彥斌求棺事詳人物志二十六季
秋八月濟寧路黃河溢漂沒百餘里
按元時縣轄濟寧路濟州間屬濟寧路又
間州陞濟寧府故以上事在濟寧者採焉
明太祖洪武四季河決鉅野流灌縣境害及田
疇載舊志　七季河溢鉅野流高四丈入境壞民
田廬
憲宗成化十三季大水載舊志　二十一季兗屬春

王秋不雨蝗蝻滿地人相食

孝宗弘治五季春三月河決黃陵岡渰沒及境

六季會通河溢官民廬舍及運船沒者無算

武宗正德二季三季黃河連決單縣溢流入境

害民田廬　六季九月流賊入境刼掠攻城

七晝夜衆禱于城隍忽大風晝晦衆驚神助

賈勇擊賊破之城獲全詳見韓襄報賽記　四季大饑

人相食載舊志自此以下多仍舊志所載間叅考府志

世宗嘉靖七季蝗蝻食二麥秋飛蝗蔽天民大

饑　八秊河決水及境城幾没議遷中止
十八秊大疫　二十二秊蝗　二十八秊李
實如瓜　三十二秊大饑天鼓鳴多盜星隕
如日　三十三秊大饑紅氣觸天遂大疫
三十四秊冬十二月地震　三十九秊大饑
四十二秊鸜鵒來巢三月大風晝晦　四
十三秊河決飛雲橋境內漂没運河北徙
四十四秊河決華山出飛雲橋分六大股橫
貫漕渠至胡陵城口漫入昭陽運道告阻城

幾沒

神宗萬曆四年大水　五年大水平地深丈餘

十五年大旱無麥　十六年大饑斗米二

錢　十七年八月隕霜　二十一年冬饑至

二十二年春大饑人相食　二十三年正月

十三日大雪雷震三月陰雨不止水溢淹麥

署篆州判楊之翰撰文

祈晴有驗文載藝文　是月二十三日夜大

雨雹有龍出苗村集書舍中一時書生震懸

久而復甦是歲報水災　三十一年大饑人

相食　三十二年河決太行堤十七鋪口衝邑城沒廬舍縣署水深數尺知縣呂大護報災蠲租復議遷治新城不果事詳古蹟　四十三年大旱黃塵迷目人民離散　四十六年八月有星孛於東方狀如竹篲至十一月乃沒

按舊志載此星無躔次祇云夜半出在東方亦荒陋之至矣

光宗太昌元年十二月雨冰地凝數寸樹枝壓折填塞道路

熹宗天啓二年二月初六日夜地震有聲三月

太白經天月餘方没五月十三日白蓮妖賊
起地方荼毒
懷宗崇禎十年旱蝗 十一年春旱六月始雨
連沛三月方止平地成河水流百日 十二
年旱蝗豆虫食禾稼 十三年大旱蝗愈熾
獨山昭陽諸湖盡涸七月晦連三日大西北
風八月朔嚴霜殺草木穀米騰貴至十月市
無斛斗每升錢百二十文後併無升每碗錢
三十文隣境饑民蠭集諸湖掘食草根鬻嬬

女不可欺計女未及笄者錢二三百文壯年
婦剛易一飯人相食盜賊肆起遍地烽烟
十四年春盜賊愈熾賊首俱稱各答圍城者
凡三閱月初一日晚黑氣從西北起人無睹
城上軍器有光如星賊望見滿城燈火遂退
不敢逼歲以爲神佑云四月疫大作死亡相
藉一梨錢七八百文一棗錢五六文倖免者
百家一二焉十五年十二月初八日寅時
賊破城殺縣令李士才於南門外十七年

三月丁未闖賊陷都城帝殉難有僞官尹姓
者入縣署月餘聞
大兵南下郎遁走其季郎
皇清世祖皇帝順治元季也新邑令石公朝柱至
任日勦賊民粗安 二季河決逼流金隄等
口至九季莫能治凡八季閭縣境渰没人民
失業逃亡者十室而九田產荒蕪蒲葦彌望
蕭條極目 九季總河楊公方興治河 十
二季署篆屯田廳趙 詳免荒絕丁田賦役

十七秊八月地震有聲冬月大雪樹木牛
畜凍皆死
皇帝康熙元秊八月十七日河決牛市屯口水漫
入境至二十三日霪雨三晝夜水大漲二十
六日亥時潰北堤灌城中深三尺餘市撈船
行官民署宅多圮學宫内巨松栢百餘株浸
皆死邑令徐公之鶴寓治穀亭書院民内城
堤高處巢棲明秊二月水漸退徐公始旋寓
西關公館官私廬舍漸次脩復　四秊旱

詔免本年錢糧揆
帑金八萬兩遣朝官二員賑民饑　五年大有
𡚁小麥斗銀二分八厘大麥斗銀一分六厘
民始安　六年春夏旱至六月初三日始雨
禾有秋　七年六月十七日戌時地大震如
兵車鐵馬聲城垣廬舍多傾壓死人畜甚衆
詔察災傷除人口十丁後數歲連震　八年東堯
道徐公惺至縣於穀亭南陽城內三處賑傷
秋七月河水溢境至城堤下田禾遭沒諸生

劉漢儒等控災河院王公光裕免邑堤夫一千五百名募夫六百名草三萬束撫院袁公懋功題免邑稅十分之四 十年歲歉奉文賑荒邑令譚公組奏按饑民數每名給米一斗 十七年水邑田没半縣令羅公大美報災撫院施公維翰委鄒令黄得熠勘覆題蠲欠年正賦十分之三 十九年十一月戌時彗出西南逓東北兩越月始没 二十一年八月初八日雨雹大如鴨卵傷稼 二十二

秊夏初不雨麥冄至六月大雨平地水深三尺田禾沒冬饑二十三秊春大饑上臺檄屬員捐俸賑饑發倉煮粥二十四秊春夏之交霪雨百日至五月二十六日平地水深三尺餘田盡沒邑令沈公鋐吉詳報災撫院張公鵬　委嶧令劉鏞查覆疏題請
命內大臣二員勘奏蠲免本秊秋冬及次秊春夏稅粮　府憲祖公允圖仍請各上臺各捐銀二百兩共千金發縣採買米穀賑饑沈公亦

自捐俸於鄉城各處賑粥民賴以生 二十
七年水諸生閆補闕等控災院委府勘未成
災無蠲有賑 二十八年旱 二十九年春
饑巳奉
皇恩全蠲正賦知縣馬得禎捐俸倡賑紳衿富民
樂輸隨處設廠饑民沾惠又蒙
撫憲佛公倫檄委 府憲祖公允圖單騎查
災將二十八年未完錢糧分別緩徵民忘其
災七月歲有秋

撫憲佛公倫欽奉
上諭飭民間積貯因請令東省人民乘
特恩蠲賦之歲收穫盈餘每畝輸穀三合隨鄉儲
蓄擇人收管以備荒歉
部從之　布政司衛公既齊因條陳收穀出賑事
宜八款皆可經久無弊
撫憲允行頒下州縣民稱便焉是年八月飛
蝗至境知縣馬得禎致誠禱祝蝗不食禾秋
後亦不萌麥（祝文載藝文）三十年四月東省各縣

申報大蝗
撫憲佛
布政司楊 各憲牌通飭懸賞捕蝻五月飛
蝗至境知縣馬得禎設法捕捉仍致祈禱麥
秋獲全祝文載藝文七月蝗所過地多産蝝
按察司喻 憲牌通飭懸賞捕瘞縣丞甯令
督民捕之其法沿地掘塹驅蝻使入盡撦捕
焉日報獲數十石數日後本境蝗蝻盡絕厥
後隣境有流入者亦如法捕之未幾雨遺蝗

皆負草斃秋禾獲全

知縣馬得禎曰災眚之至雖曰天道豈非人

事哉歷觀前世水旱爲災恒有召致又無預

備補救之策致民流離興言及此曷勝慨歎

今我

皇上登極之四季偶遇東省亢旱即發

帑金八萬兩遣

内大臣二員設賑十七季二十四季兩閘水災

咸蠲正賦俾民獲所不致流離二十八季正

月

駕巡東省問民疾苦已知連歲順成更圖比戶充

裕

特諭前撫臣錢琺先爲傳示蠲免二十九年通省

賦役俾溢蓋藏深仁厚澤誠書傳所未有也

豈特補救云乎哉至二十九年七月又

諭戶部行飭直省家喻戶曉令民及時積貯以備

不虞今

撫憲佛 爰同陞任 藩憲衛 臬憲楊

及　道憲涂　府憲祖等推廣

皇仁詳加會議體

聖諭之憂勤酌餘儲之善策遍告鄉村勸民毋歆

輸穀三合民當

皇恩浩蕩之際聞備堯湯間有之災踴躍樂從不

煩期會

天子聞之欣動顏色葢所謂預備者詳矣至矣無

復加矣臣禎仰荷

皇仁承宣　憲惠未雨綢繆黽勉職業間有飛蝗

示儆又蓮檄飭晝夜皇皇禱致虔誠捕務盡
類於焉嚨䶂無虞夏秋並穫雖愧前賢之不
入境亦庶幾流禍之不爲災也若夫
聖恩渥厚　憲治周詳民皆恃以永賴又況天地
休佳之氣方與
國運茂隆日盛月昌水旱不形蟲蝗不作將自
斯而億萬年無窮極哉後之考災祥者吾知
其無復有災之可考也已

【光緒】魚臺縣志

（清）馮振鴻纂

清光緒十五年（1889）刻本

災祥

漢哀帝建平四年四月山陽湖陵雨血廣三尺長五尺大者如錢小者如麻子　是月方與女子田無嗇生子先未生二月兒啼腹中及生不舉葬之陌上三日人過聞啼聲母掘養之

魏景初元年九月淫雨兗徐豫三州水出溺殺居民漂失財產

劉宋文帝元嘉二十年夏六月白雉見高平方與縣徐州刺史臧質以獻

唐文宗開成五年夏鄆曹青兗四州螟蝗害稼

宋太祖乾德四年五月魚臺麥秀三岐　五年三月
五星如連珠聚於奎婁之次當魯分　六年五月
壬寅歲星鎮星太白合於奎
太宗太平興國八年五月河決滑州之韓村汎澶濮
曹濟單諸州東南流至彭城入於淮塞之弗就
真宗天禧三年十月河決滑州歷鄆濟單至徐州與
清河合浸城不沒者四版
金世宗大定八年河決李固渡水入曹州分流入境
漂民廬舍二十八年正月己未歲星留於房甲子
守房北第一星

元世祖至元二十五年八月丁丑魚臺濟南寧稼蝗

祖

成宗元貞二年六月蝗

元至正四年河決泛任城魚臺諸縣命賈魯治之

明洪武元年大將軍徐達開塌場口入泗以通運又

開耐牢坡隄西接濟運以通梁晉之漕

成化十二年開耐牢坡至塌場口長九十里名曰永

通　十五年頒漕禁

宏治三年修魚臺古長隄

正德六年九月流寇劉六劉七入境刼掠

嘉靖二十年魚臺盜起明年平
天啟二年五月十三日白蓮妖賊起地方荼毒
崇禎十四年流賊圍城三閱月乃退　十五年十二
月八日榆園賊破城縣令李士才死之　十七年
三月丁未闖賊陷都城僞官入縣月餘聞
國朝定鼎乃遁走
皇清順治九年奉
旨卹賑　十四年定賦役經制例
康熙四年旱奉
旨蠲賑　九年河決奉

旨蠲卹

欽頒聖諭十六條於學宮　十年水奉

旨蠲卹　二十五年

詔免山東地丁銀業戶十之七佃戶十之三　三十年修

　南陽大隄建長橋前令馬得楨建名馬公橋奉

旨免漕糧　三十七年饑奉

旨賑卹　四十三年秋

欽頒訓飭士子文於學宮　四十九年奉

旨蠲免地丁銀　五十二年奉

旨全免山東地丁銀以五十二年爲常額續生人丁永不

加賦

雍正二年

詔建忠孝節義祠及劉猛將軍廟　建獨山湖隔隄昭陽隄石涵十二及三空橋二　三年

詔以錢糧耗銀歸公定各官養廉

欽頒聖諭廣訓於學宮　四年以丁賦攤入地畝　勘議獨山湖增修堤堰涵壩　五年裁館夫減白夫里甲馬及馬夫青夫　八年六月大水奉

旨賑濟并給貧民葺屋銀戶一兩五錢　九年奉

旨以上年濟兗東三府水災特甚加賑兩月又截漕二十

萬石平糶十年奉
旨以兗州東昌二府春夏少雨速行賑卹平糶　十一年
減水夫
欽頒論語二部於學宮
乾隆二年旱奉
旨免山東地丁銀一百萬兩　三年修獨山湖圍隄　五
年
欽頒十三經二十一史於學宮　六年
欽頒上諭及四書文明史於學宮　豁免圍堤地畝丁賦
八年奉

旨賑濟全免山東地丁銀　十一年
欽頒周易折中性理精義書經詩經春秋傳說彙纂各一
部於學宮　十二年春
旨緩徵　十三年春奉
旨加賑上年被水州縣三月免山東地丁銀
聖駕東巡
欽頒明史綱目三編於學宮　二十一年
聖駕南巡免經過州縣地丁銀十之三　魚臺奉
旨賑卹
欽頒御製平定伊犁文及三禮義疏於學宮　二十五年

部於學宮　十二年春

旨緩徵　十三年春奉

旨加賑上年被水州縣三月免山東地丁銀

聖駕東巡

欽頒明史綱目三編於學宮　二十一年

聖駕南巡免經過州縣地丁銀十之三　魚臺奉

旨賑卹

欽頒御製平定伊犁文及三禮義疏於學宮　二十五年

欽頒大清律例督捕則例各一部　二十六年

欽頒鄉會墨選於學宮

二十七年奉

旨豁免水深難涸地丁銀（自二十四年至是年兩經撫臣阿爾泰奏明豁除魚臺糧地）

三十六年

聖駕東巡免經過州縣地丁銀十之三

奉

旨免地丁銀　三十七年夏奉

旨停止五年編審戶口之例　三十八年奉

旨全免山東地丁銀　四十五年

聖駕南巡免經過州縣地丁銀十之三　四十六年春
旨賑魚臺被災民兩月　四十七年春
旨加賑上年被水州縣三月截留漕米平糶十萬石貯東昌二十萬石貯濟寧賑銀共十六萬三千六百七十二兩有奇　四十八年春奉
旨加賑魚臺災民三月　秋奉
旨展賑五月　四十九年
聖駕南巡免經過州縣地丁銀十之三　五十二年春
旨緩徵舊賦　五十四年春
旨緩徵　五十五年
聖駕東巡免經過州縣地丁十之三　豁免四十九年五

十五年被災民欠錢糧　六十年奉

旨蠲免錢糧五十二年至五十八年

嘉慶元年奉

旨撫卹貧民一月口糧接賑四月錢糧分別蠲緩二年三年並賑卹蠲緩　四年奉

旨賞借一月口糧　九年奉

旨緩徵舊賦　十二年浚牛頭河　十六年奉

旨借籽種緩徵十七年仍借籽種至十八年並緩徵　奉

旨緩徵並借籽種二十年二十一年秋並緩徵　二十二年奉

旨賞一月口糧籽種緩徵　二十四年奉

旨蠲免舊賦至二十二年止　二十五年秋奉

旨緩徵

道光元年被水村莊奉

旨緩徵借籽種　二年魚臺被水村莊奉

旨緩徵　三年奉

旨展緩　五年奉

旨緩徵舊賦八年至十三年並緩徵　修南陽湖横壩　十五年奉

旨蠲免舊賦至十年止十六年至十八年並緩徵　十八年冬總河栗毓美

巡撫經額布奏請重濬牛頭河　十九年被水村

莊奉

旨緩徵 二十年被水村莊奉
旨緩徵 二十八年秋旱至二十九年五月始雨
咸豐元年八月河決盤龍集闔境漂沒至五年黃溜
始西徙屢奉
旨截留南漕放賑 六年夏蝗食麥秋蝗傷禾 七年春
大饑糧價每斤錢四十五文民掘食草根 八年
南匪入境咸遭荼毒 十一年四月初間兵器夜
吐赤光如火翌日賊至
同治四年正月十二日申時雷震雨雪深四寸 二
月夜天現白虹形如丁字起自西南飛行東北說

者指爲蚩尤旗　五年秋霪雨水深數尺傷禾稼

自咸豐八年至此年南匪入境十餘次越明年始滅　七年二月大雨雪積

水傷麥　十三年七月河決侯家林流入境奉

旨賑一月口糧

光緒元年河決王老虎境内湮沒大半　三年大饑

六年秋大旱無麥苗越明年四月始雨　十五年

春大饑秋霪雨大水傷禾稼

【萬曆】汶上縣志

（明）栗可仕修　（明）王命新纂

清康熙五十六年（1717）補刻本

汶上縣志卷之七

知縣任　栗可仕　創修

雜志

災祥

叙曰五行之應昉於箕子而漢儒遂傅之以旨愚曾不思五氣之沴傳化失常在人且然況天地乎荀子論天責之人事而以物之罕至者付於陰陽之化寧戾於敬用遵有哉汶即蕞爾抑亦毫末之在具體則歲時月日之省何可廢也

漢安帝元初三年東平陸上言木連理（文獻通考云自安帝以下王道衰缺咎戒屢饑故書其災異以著也）

後魏時大水 [illegible]

宋熙寧十年河東濉从梁山濼

淳熙元年旬月蝗生

元至元二十五年大旱

至大三年大水

元貞二年蝗生

元統四年蝗六月大饑人相食 十二月地震

至正五年春地震 十九年五月飛蝗蔽天

明洪熙元年旱

宣德 年大雨水平地深數尺

成化六年大旱民食樹皮草根　九年大饑　十五

弘治五年大饑　十三年大有年時有五岐瑞麥　十五

年地震自西北徂東南有聲如雷又天鼓鳴

嘉靖二年三月大風霾　二十五年漕河水竭

三十一年大水　三十二年大饑斗米銀二錢　又大

水又石樓泊水市有城樓人馬之狀出於水上謂之水市　三十

六年冬地震物類搖動有聲　三十七年大雨雹　三

十九年秋蝗生平地厚寸許禾稼樹葉俱為一空入人戶榻衣服圖籍多殘毀

為後生一蝝亦如蜂而黑蟲齧苗殺之　四十一年秋螣生食苗禾稼

盡　四十二年夏大風拔木　四十四年春大

旱四月大雹是月後雨皆有雹秋終乃止諸禾俱傷

隆慶元年蝦蟆生其多蔽野自北而南踰城以行亦多闐焉 二年秋大水 三年蝗生

萬曆二年大雨雹 六年大有年 十五年旱無麥禾 十六年大饑又旱 十七年旱 十八年旱 二十一年夏大雨三日已而水至麥盡漂沒有朽化爲黑蝶者城圯垣頹里舍遷過秋大水 二十二年春大饑民食樹皮草根 二十四年春旱秋蝗生 二十五年秋蝗生 二十六年除夕大風折木發屋 二十七年夏大雨雹 二十一年大水 三十四年蝗蝝

蔽天旋折如錦秋蝝生食豆禾幾盡　三十五年六月除日大風折木發屋秋七月大水水夜至灌入城中南門及東西門各築堤防高二尺尚

三十六年旱

【康熙】續修汶上縣志

（清）聞元炅纂修

清康熙五十六年（1717）刻本

[illegible]治四年大水平地深丈餘淹溺死者無算

五年八年九年俱大水

十二年八月初五日夘時地震有聲如雷

嘉靖四年春大旱

七年六月十七日戌時地震自西北至東南有聲如雷官舍民房多塌毀時有壓損人口井水湧出河水上岸

二十五年秋蝻生

二十九年蝗災

三十年蝗災

三十一年元旦日食狂風終日
三十二年正月十五日狂風終日晝晦不辨二
十八日卯時天色紅如血稍間變為黑氣漫天
大風晝晦人對面不相見
三十三年五月二十一日未時河西雨雹大者
徑尺打死數十人蝗虫遍野
四十一年大水
四十二年大歉欽差大人四員發帑并留漕賑
飢斃免本年錢糧并四十三年春有相食者西
多方賑濟始得全活

四十八年六月大雨三晝夜遍地水泛田禾淹
没復蒙
皇恩蠲免錢粮民賴以甦
五十二年五月十三日大風拔木損壞房屋無
算

【乾隆】曹州府志

（清）周尚質修　（清）李登明、謝冠纂

清乾隆二十一年（1756）刻本

五行志 災祥

山東通志舊書爲災祥志新書爲五行志而曹屬各志或云災祥或云祥異無以五行言者夫水旱蝗蝻石隕山摧固爲災異矣若晉宋以後豐穰之告百不一遇彼黃龍白雉甘露醴泉果可爲祥乎史自漢書本劉董之說創爲五行志史家因之大率記災異事其七政恒星之變皆入天文志中然五緯在天固以五行名而班固志五行亦列日蝕孛彗郡縣志既不得志天文則取象緯各變附見於五行亦未乖體例也顧新舊通志所錄簡畧不完曹屬各志

挂一漏萬舛訛草率益無可觀茲備考漢書以後天文五行諸志涉曹郡者彙爲一卷事一類而可總即爲總敘入本朝者據吏牒及邸抄書之無可據者闕焉至宋書之志符瑞齊書之志祥瑞魏書之志靈徵誕謬不經宜從擯棄但有關於曹難以槩黜故並采之仍名五行志云

唐帝堯時九龍出雷澤水溢

虞帝舜時大鳥降宛句之南羣鳥畢集三日去

夏太康十一年穀林雨粟

孔甲二十三年雨赤雪於慶都

商太甲五年陶邱徧地生毛次年五穀不生

太戊元年亳有桑穀生於廷一暮大拱

周武王將伐殷五星聚房

敬王三十九年魯西狩獲麟　四十年熒惑守心

漢高帝十二年春熒惑守心

文帝十二年冬河決東郡潰金隄

景帝三年填星在婁幾入還居奎　中元年六月蓬星見

房心間

武帝元光三年夏河決瓠子泛濮陽十一郡

昭帝始元中蓬星入營室熒惑在婁逆行至奎　元鳳五

年四月燭星見奎婁間

宣帝本始二年七月熒惑守房之鉤鈐　地節四年山陽濟陰大雨雹

元帝建昭元年隕石梁國六　五年山陽橐茅鄉社有大槐樹吏伐之其夜樹自立故處

成帝建始四年河決館陶東郡金隄皆潰　河平四年六月山陽火生石中　陽朔元年七月月犯心星　三年三月隕石於東郡八　綏和二年春熒惑守心

哀帝建平元年濟陽定陶產嘉禾一莖九穗是年十二月光武帝生於濟陽宮舍　四年四月山陽方與女子田無嗇兒啼腹中及生瘞之三日猶啼遂收養之

光武帝建武十五年正月孛星入營室二月至東壁

明帝永平十六年正月歲星犯房右驂

和帝永元二年正月金木水俱在奎又在婁　五年七月火犯房北第一星　七年十一月金火俱在心　八年九月有流星起婁

殤帝延平元年正月金火在婁

安帝永初元年五月熒惑逆行守心前星　三年正月月犯心後星　延光四年正月黃龍二見東郡濮陽又產麒麟

順帝永和六年二月孛星見東方指營室又在奎一度

桓帝元嘉元年十月大鳥如鳳見濟陰已氏　二年八月濟陰句陽黃龍見　延熹四年五月客星在營室至心轉爲彗　七年十月太白犯房北星　八年閏五月太白犯心前星　九年河水清自濟陰東郡至濟北平原

靈帝熹平二年八月太白犯心前星　中平元年夏東郡濟陽濟陰寃句離狐縣有草生其莖靡纍腫大如手指狀似鳩雀龍蛇鳥獸之形五色各如其狀羽毛頭目足翅皆具（此門草妖是歲黃巾賊起）　三年四月熒惑守心後星　六年八月太白犯心前星又犯中大星

魏文帝黃初四年三月月犯心大星十二月又犯

明帝太和五年五月熒惑犯房　景初元年二月月犯房第二星　九月淫雨兗徐豫大水　二年二月月犯心五月又犯　齊王正始元年閏十一月月犯心

晉武帝泰始元年十二月青龍二見濟陰定陶　四年九月徐兗豫大水　太康元年五月濟陰乘氏木連理　二年五月濟陰濮陽雨雹傷禾稼　四年七月兗州大水　六年濟陰旱傷麥　八年三月熒惑守心

惠帝元康五年四月有星孛於奎六月徐兗豫大水　八年九月徐豫大水　九年六月熒惑守心　永寧二年十二月熒惑襲太白於營室　太安元年七月兗豫徐大水

永興元年七月太白入房心　光熙元年九月熒惑守心
塡星守房心
懷帝永嘉四年四月兖州地震　五年十月熒惑守心
元帝太興元年八月徐州蝗　二年五月徐州蝗民多餓
死　三年六月太白歲星合於房　四年十二月月犯歲
星在房
成帝咸康二年正月月犯房南第二星彗星夕見西方在
奎　三年七月月犯房上星十一月太白犯歲星於營室
四年十一月太白犯房上星　五年七月月犯房上星
七年三月月犯房六月熒惑犯房

穆帝永和二年二月月犯房上星四月又犯　四年五月
熒惑入輿鬼犯填星七月月犯房　六年二月月犯心大星
又犯房　八年五月月犯心六月月犯房　九年三月月犯
房　十年三月月犯心大星　升平元年十一月月奄歲
星在房　二年閏三月月犯歲星在房六月月犯房
孝武帝寧康元年正月月奄心大星　二年十一月太白
奄熒惑在營室　太元十五年八月兖州蝗
安帝隆安元年六月月奄歲星在東壁　四年二月有星
孛於奎長三丈　義熙元年三月月奄心前星四月月犯
填星在東壁七月亦如之十月月奄填星在營室　二年

二月月犯心後星十二月熒惑太白合於壁　三年正月太白晝見在奎二月熒惑填星太白辰星聚於奎婁月奄心後星　五年十二月太白犯歲星在奎　六年三月月奄房南第二星六月亦如之八月月犯心前星　八年七月月奄房北第二星　十年二月月犯房北星　十二年五月歲星留房心之間時封劉裕為宋公

南北朝南自宋武帝永初二年歷齊梁至陳宣帝太建十三年北自魏明元帝泰常六年歷齊至周靜帝大象三年

今之曹境自晉永嘉至梁陳皆不隸中原淪圖徐豫濟兗等名乃僑置淮南非其故地為志者不復深考誤以

南爲北失之遠矣曹屬諸志載南北朝災異皆脫畧參錯或混此國入彼國以今年爲去年棼不可理山東新舊通志亦淆雜遺漏未爲完整今檢南北七朝之史按其方輿參互同異剏爲義例合而敘之但以甲子紀年不標其朝年號庶南北畫一稍免牴牾之失爾

辛酉年六月熒惑犯房　壬戌年六月月犯房十一月有星孛於室壁熒惑犯房　癸亥年有星孛於東壁長二丈

甲子年正月月犯心中央大心十月熒惑犯心　乙丑年白烏見山陽　庚午年年二月太白犯歲星於奎十二月有流星長二十餘丈赤色有光經奎至東壁止　壬申年

三月月犯房鉤鈐八月太白犯心前星　丁丑年白兎見山陽次年又見後復見兗州　癸未年白雉見高平方與縣　乙酉年四月月犯心　丁亥年正月月犯心大星二月河濟俱清　庚寅年正月白麞見濟陰二月又見白鹿　丙申年八月太白入心九月濟河清　丁酉年三月太白在奎南犯歲星六月月在東壁奄熒惑　戊戌年白麞見山陽十一月月犯房及鉤鈐次年三月亦如之　庚子年正月月犯房六月又犯心前星十二月又犯心中央大星以後月犯心犯房幾無虛歲具見宋齊魏志不悉載　辛丑年九月河濟俱清　壬寅年五月有星前赤後白長

十餘丈出東壁北西行有聲兗州地裂泉湧二年不巳

甲辰年十月太白守房　丙午年六月兗州有黑蟻與赤蟻交鬭長六十步廣四寸赤蟻斷頭死十一月太白犯房

丙辰年四月徐兗大風雹　戊午年十一月徐州獻白雉以後豫兗徐多獻白雉具見魏志不悉載　壬戌年八月徐兗濟等州大水徐兗濟豫等州蝗害稼次年豫又蝗

甲子年徐州獻白兎以後濟豫徐州東郡濮陽多獻白兎亦不悉載　戊寅年兗豫二州大霖雨　己卯年徐豫兗等州大水　庚辰年五月徐兗等州虸蚄害稼七月徐兗豫等州大水　癸未年七月兗徐大雨雹　乙酉年三

月濟州大雹雨雪　辛卯年徐州虸蚄害稼　丙申年六月徐州大水　丁酉年月在婁蝕盡　己巳年正月熒惑守心　壬午年河濟青龍見濟州浴堂中　癸未年六月濟河水口見八龍升天十二月兗州大水　甲申年二月熒惑犯房右驂三月又犯四月太白歲星合在奎又合在婁　乙酉年正月太白熒惑歲星合在婁六月彗星見文昌長丈餘指室壁　戊子年七月孛星見房心長四丈八月入室犯離宮九月入奎至婁而滅　壬辰年三月熒惑太白合在壁八月山東諸州大水　己亥年六月有流星大如斗出營室抵壁入濁七月熒惑奄房北第一星　辛

丑年熒惑犯房北第一星

隋文帝開皇十四年十一月有彗星孛於奎婁　十五年兗州曹州大水　仁壽二年河南河北諸州大水

煬帝大業三年正月長星竟天出東壁武陽郡上言河水清二月彗星見於奎　八年山東諸州郡大旱　十三年又大旱

唐太宗貞觀三年五月戴州蝗秋鄆州水　四年戴州水十六年戴州大水　十七年三月熒惑守心前星逆行犯鉤鈐　十八年五月流星出東壁有聲如雷十一月月掩鉤鈐

高宗永徽元年濟州河清　二年濮州水九月太白犯心

前星　五年濟州河清十六里　上元二年正月熒惑犯

房次年犯鉤鈐　武后聖歷元年六月曹州大雨雹　久

視元年六月曹州大雨雹　大足元年河南諸州饑

中宗景隆元年四月曹州大雨雹　三年三月曹州大風

拔木

元宗開元三年河南河北水　十四年秋河南河北大水

濮人或巢或舟以居　二十年鄆州大水　二十五年六

月熒惑犯房濮州有馬生駒肉角又有兩烏兩鵲兩鸜鵒

同巢　天寶十三載五月熒惑守心

肅宗乾元元年五月月掩心前星終唐之世月掩心星者十四總記於此後不悉載　三年四月有彗星於婁　上元元年十二月歲星掩房

代宗大歷四年二月熒惑守房上相　八年四月歲星掩房　十一月太白入房　九年七月月掩房

德宗建中四年五月濮州河清　貞元四年五月月犯歲星在營室是月歲星熒惑鎮星聚於營室　六年閏三月熒惑犯鎮星在奎

憲宗元和二年月犯房上相　六年三月有流星大如一斛器墜兗鄆間聲震數百里野雉皆雊　九年二月月犯心中星終唐之世月犯心星者七後不悉載　十四年二月鄆州從事院門

前地有血方尺餘色甚鮮赤人以爲自空而墜　十五年三月鎮星太白合于奎十二月熒惑鎮星合于奎

穆宗長慶三年八月有流星大如數斗器起西北經奎婁墜地有聲　四年鄆曹濮三州雨水壞州城民居田稼畧盡

文宗太和二年鄆曹濮等州大水　四年鄆曹濮等州大雨壞城郭廬舍　七年五月熒惑守心　開成二年三月彗星掩房九月有星大如斗長五丈自室壁西北流入大角下沒　三年曹濮等州大水　五年二月有彗星於室壁間秋鄆曹濮等州螟蝗害稼

武宗會昌元年七月有彗星於室壁間　四年二月歲星守房掩上相八月有大星如炬光燭天地自奎婁掃西方七宿而隕

宣宗大中六年九月有彗星於房　十二年鄆州水害稼

懿宗咸通五年五月有彗星於婁　九年正月有彗星於婁　十年熒惑逆行守心

僖宗乾符三年七月濮州地震

昭宗乾寧二年七月熒惑犯心

五代　五代之君止書其年號不書謚號

梁乾化二年正月熒惑犯房第二星月犯心大星四月月

掩心大星

唐天成元年八月太白犯心大星九月月犯心大星　二年六月熒惑犯房九月歲星犯房　三年正月金火合於奎五月月掩房距星六月月掩心庶子十一月月掩房十二熒惑犯房　長興二年二月月犯房

晉天福六年九月河決泛兗濮二州　八年十一月月犯房　開運二年七月月犯心前星十一月又犯後星河溢

鄆州

漢乾祐二年六月月犯心八月月犯房次將　三年八月

太白犯房又犯心大星十月月犯心大星

周廣順元年三月歲星守心　四月犯鉤鈐　三年七月月犯房

宋太祖建隆二年五月范縣蝗　三年六月月犯房第一星（自建隆至靖康之世月犯房星者五十六後不悉書）十一月歲星熒惑合于房是年濮鄆濟等州旱濟州蝝生　四年六月濮曹等州蝗

乾德三年秋河溢鄆州壞民田濟州河溢　四年七月觀城縣河決壞民廬舍注大名又壅河隄壞水東注衛南境及南華縣城　五年三月五星如聯珠聚於奎婁　開寶元年正月歲星填星太白合于婁　三年鄆濟等州水災害民田　四年鄆州河溢自此濮鄆單州河決水溢壞官

廨民田至五年六年不已　六年四月單父縣民王美家龍起井中暴雨漂廬舍壞舊鎮廨舍三百五十餘區　八年濮州河決郭龍村

太宗太平興國二年六月濮州大水曹州大風壞濟陰縣廨及軍營　七年曹州旱　八年五月河大決滑州注濮曹濟諸州東南流入淮七月有星如稱權沒于婁十月月犯心後星（自太平興國至靖康之世月掩犯心星者七十七後不悉書又月犯屬星如犯壁壘陣最多及犯鉤鈐鍵閉等星皆不錄）　雍熙三年七月鄄城縣有蝗自死　淳化元年七月濮州蝗　二年三月太白歲星合于婁　三年正月太白熒惑合于婁單州有蝗蛾抱草自死　四年濮

州霖雨秋稼多損　[illegible]　至道元年五月填星

熒惑合于東壁　二[illegible]鄆州河漲　三年七月單州

蝻生

真宗咸平元年正月[illegible]出營室　二年曹單等州旱　三

年五月河決鄆州　景德三年三月熒惑守心　終北宋之世歲星犯房星者七熒惑犯房星者二十掩犯心星者二守心者一填星犯房星者二太白掩犯房星者十六掩犯心星者十一後不悉書五緯自相犯亦不書　大中祥符元年八月鄆州獻嘉禾十

月車駕東封次鄆州鄆州騎元方獻芝草五本　七年五

月鄆州甘露降　天禧三年六月河決滑州泛濮[illegible]

主徐州與清河合

仁宗寶元二年六月曹濮單三州蝗　皇祐元年二月己亥

出虛至婁而沒　五年十月鄆州禾異畝同穎

英宗治平元年曹濮等州旱　三年三月彗出營室

神宗熙寧四年二月自濮州至河北大風異常百姓驚恐

十七年七月河決曹村南徙又東匯於梁山張澤濼

元豐二年曹州生瑞禾

哲宗元祐六年十二月有星孛入于奎　紹聖元年七月

曹濮諸州水害稼　二年濮州禾合穗　四年鄆州禾並

穗

徽宗崇寧四年河南北諸州郡連歲大蝗山東尤甚　五

年正月彗出西方自奎貫婁入濁沒　大觀元年三月單州芝草生　四年五月彗出奎婁宋自高宗南渡今曹郡之地悉爲金有故徵缺

以下不志宋而志金紀其實也

金熙宗皇統七年七月熒惑犯房第二星　海陵天德二年二月月犯心大星終金之世月掩犯心者十二後不悉書

世宗大定二年七月有大星如太白起室壁間沒于羽林　四年十二月月掩房北第一星　六年十二月月犯房北第二星　八年六月河決李固渡水入曹州　二十七年七月月犯房南第一星　二十八年正月歲星留于房守房北第一星　二十九年六月曹州河溢

章宗泰和六年八月有流星如太白色赤起於婁 衛王

大安三年二月熒惑犯房是年山東河北河東諸路大旱

宣宗貞祐二年十一月熒惑犯房 四年二月太白晝見

于奎六月歲星晝見于奎 五年閏十二月太白晝見于

營室 興定元年單州雹傷稼 元光元年十一月熒惑

犯星大星

元世祖中統二年十二月熒惑犯房 終元之世熒惑犯房者十四後不悉載

至元元年五月太陰犯房 終元之世太陰掩犯房者四十二後不悉載 二年

六月太陰犯心大星 終元之世太陰掩犯心者四十四後不悉載 十四年六

月曹州定陶等縣雨水沒禾稼 十五年十一月太白熒

或塡星聚于房　二十年四月歲星犯房又掩房終元之世歲星掩犯房者八　二十三年三月太陰犯婁　二十四年八月太白犯房終元之世太白犯房者十　二十六年閏十月辰星犯房終元之世辰星犯房者五　二十八年正月太白熒或塡星聚于奎

成宗元貞二年八月曹州水　大德元年八月妖星出奎九月又犯奎十一月曹州禹城縣進嘉禾一莖九穗

武宗至大元年九月塡星犯房終元之世塡星犯房者三　二年三月濟陰定陶等縣雨雹六月曹濮等州蝗

仁宗延祐元年三月曹濮等州大雨雪　二年十一月彗星犯紫微垣歷軫至壁

英宗至治元年正月太白熒惑塡星聚于奎三月亦如之
七月曹濮等州雨水害稼　二年二月濮州大水六月熒
惑犯心距星十二月太白歲星熒惑聚於營室
泰定帝泰定元年六月曹濮等州淫雨水深丈餘漂沒田
廬曹州楚邱縣開州濮陽縣河溢　二年六月曹濮等州
蝗單父等縣水　至和元年濮州雨水害稼
文宗天歷二年曹州饑　三年定陶等縣饑　至順元年
六月曹州水　二年二月鄆城縣有蟲夜食桑晝匿土中
人莫能捕五月曹州有蟲食桑旣
順帝元統二年正月濟州曹州濟陰縣水災　至元三年

八月孛出天市垣自昴至房　五年濮州鄄城縣饑　六年二月孛出于房　至正五年七月河決濟陰漂官民亭舍殆盡曹州禹城縣大旱　十一年十一月孛星見奎又見于婁　十三年正月太白辰星聚於奎　二十六年二月河北徙上自東明曹濮下及濟寧皆被其害

明太祖洪武元年河決曹州雙河口入魚臺時徐達北征乃開塌場口引河入泗以濟運而徙曹州治於安陵　二年正月熒惑犯房終明之世熒惑犯房者十四後不悉載　是年河水又汎曹之安陵治乃徙曹州治於盤石鎮　五年東昌大饑明志書山東饑者三十一不言郡縣名者皆不錄　七年河溢鉅野　十年十一月歲星犯房終明之世歲星犯房者廿三　十三年八月太白

犯心終明之世太白犯心者四 二十一年二月有星出東壁 二十二年十一月歲星入房 二十三年五月歲星守房 二十四年四月河決原武由舊曹州鄆城兩河口漫東平之安山 二十六年十一月青兗濟寧三府水 三十年八月熒惑入房 三十一年十月熒惑守心

恭閔帝建文四年九月太白入房

成祖永樂二年八月太白入房 四年十月太白犯房北第一星終明之世太白犯房者七 十一年五月曹縣獻騶虞 十五年十二月熒惑入房北第一星

宣宗宣德九年東昌兗州旱

英宗正統二年河決泛濮州范縣是年兗州春夏旱　三年兗州饑　五年兗州蝗　六年東昌兗州諸府蝗　十年十月河決山東金龍口　十一年兗州大水　十二年兗州東昌俱河決　十三年七月河決河南八柳樹口漫曹濮二州壞沙灣等隄

景帝景泰三年兗州久雨傷禾　四年三月太白歲星合于壁　五年正月太白歲星合于奎八月東昌兗州大水河漲渰田　七年三月太白熒惑合于奎

英宗天順元年六月彗星見室長丈餘由尾至壁十二月太白填星合于心　二年四月兗州蝗

憲宗成化三年二月太白犯婁　四年九月彗星見室南

九年濮州大旱

孝宗弘治二年河决金龍口入張秋運河　三年十二月彗星入營室　六年四月東昌兗州同日地震有聲　十二年十月辰星犯房北第一星　十三年四月彗星入室壁間　十五年九月濮州井溢沙土隨水而出東昌兗州地震壞城垣民舍濮州尤甚地裂湧水壓死百餘人是年兗州饑

武宗正德元年八月心中星動搖　四年六月河决黄陵岡曹單田廬多渰沒　十一年兗州旱　十二年六月有

星出于房 十五年八月東昌地震

世宗嘉靖三年正月五星聚於營室 七年河決曹單城

武陽家梁靖二口吳士舉莊衝入雞鳴臺奪運道 八年

十月河決曹縣 二十三年正月熒惑歲星塡星聚於房

二十六年秋河決曹縣水入城二尺人溺死者甚衆漫

定陶城武衝穀亭 三十三年兗州東昌旱 三十七年

七月曹縣新集淤 四十二年十月熒惑自胃退行抵婁

四十四年七月河決沛縣逆流至曹縣棠林集而下分

爲二散漫湖陂浩渺無際河變至斯爲極

穆宗隆慶三年七月河決沛縣漫曹單壞田廬最多

神宗萬歷四年河決豐沛曹單漂沒田廬無算　十九年三月西北有星如孛歷胃室壁入婁　二十一年五月大雨河決單縣黃堌口七月熒惑犯室九月又犯　二十五年四月河大決黃堌口　二十七年八月熒惑犯奎　三十一年四月河水暴漲衝單縣魚臺又大決單縣蘇家莊及曹縣縷隄　三十二年蘇家莊復潰黃水逆流魚臺濟寧間平地成湖　三十四年四月熒惑犯心　三十五年河決單縣八月孛星見東井自房歷心　三十八年熒惑退行婁次　四十三年山東春夏大旱千里如焚　四十七年八月東昌等府蝗

熹宗天啓二年東昌地震六年又震　五年九月熒惑自壁退入室　七年三月辰星退犯房

莊烈帝崇禎二年春河決曹縣十四鋪口　四年夏河決荆隆口敗曹縣塔兒彎大行隄　十一年五月熒惑自尾退入心濮州蝗　十二年曹州黑鼠遍野　十五年五月熒惑守心按明天文志于月之掩犯恒星者皆不載以其不勝載也故茲僅摭五星掩犯恒星者錄之至五緯自相犯不錄流隕亦不錄

皇清五緯恒星之事五官掌之不敢妄載山東通志載一產三男最多茲亦不錄

世祖章皇帝順治七年河決荆隆口潰張秋隄由大清河入海漂溺兗州東昌等州縣　十年二月曹縣夜間火光徧野以人

爲𤎖 十五年曹縣城內坑水盡赤夏淫雨百日 十七年

八月兗州地震次年又震

聖祖仁皇帝康熙四年兗州東昌大旱饑 七年六月鉅野地震

壞民廬舍 九年河決曹縣之牛市 二十一年單縣大

水 四十二年兗州東昌等府大水頻年又大疫 四十

八年單縣大水 六十一年河決泛曹單濮范等州縣

世宗憲皇帝雍正三年二月日月五星聚于營室 四年兗州東

昌等處大水十二月曹單黃河清 十年六月鉅野產麒

𤎖

皇帝乾隆十二年曹州等府大饑奉

旨賑濟十三年輪蠲山東錢糧　十六年六月河決陽武十三

堡大隄由封邱長垣菏澤濮州范縣以趨張秋穿運道入

大淸河歸海陽武決口于本年十一月內搶築合龍

[illegible]卷之十

司空先生卷之十終

（清）凌壽柏修　（清）葉道源纂

【光緒】新修菏澤縣志

清光緒十一年（1885）刻本

雜記

舊志記災祥甚詳然日食星變之類蓋寰宇之禨祥非偏隅之沴戾薈而輯之比於濫矣茲從張志所錄水旱盜賊凡有關於一方之故而諸只無所繫者悉著於篇廣異聞誌得失也

虞帝時大鳥降於宛句之南長喙烏冠高丈餘鳴闘十里羣鳥畢集三日去

秦二世元年沛公攻定陶襲宛句

漢宣帝四年雨雹大如雞子深二尺五寸殺二十餘人

飛鳥皆死

東漢桓帝元嘉二年秋八月黃龍見句陽　靈帝中平元年夏濟陽冤句離狐縣界有草生其莖靡纍腫大如手指狀如鳩雀龍蛇鳥獸之形五色羽毛頭目爪翅皆具　獻帝興平二年呂布與曹操爭兗州引兵至乘氏爲操所敗

晉武太康元年五月乘氏木連理　二年雨雹傷禾稼

卞範之字敬祖冤句人祖嵎下邳太守父循尚書郎範之識悟聰敏太元中自丹陽丞爲始安太守桓元少與之遊及元爲江州引爲長史委以心膂元將篡亂以範

之爲丹陽尹範之與殷仲文陰撰策命進征討將軍散騎常侍元僭位以爲侍中班劍二十人進號後將軍封臨汝縣公其禪詔即範之文也元既奢侈無度範之亦盛營館第自謂佐命元勲深懷矜伐子弟傲慢衆咸嫉之義軍起範之屯兵覆舟山西爲劉毅所敗隨元西走元又以爲尚書僕射爲劉毅所敗左右分散惟範之在側元平斬於江陵

東魏靜帝興和元年冬寃句縣濮水南岸有泉湧出色清味甘病者飲之愈

後周改濟陰郡曰曹州

隋文帝開皇十一年大水居民多沈溺　十五年大水民饑　孟海公濟陰人大業中起兵據曹州之周橋號録事衆至數萬見人稱引書史輒殺之唐武德四年爲竇建德所擒

唐中宗嗣聖十五年六月甲午大雨雹　景龍元年五月大雨雹　三年三月大風拔木　穆宗長慶四年秋七月曹鄆大雨水壞城郭民居田禾略盡　五年曹濮螟蝗害稼　文宗太和二年大水　四年大雨水壞城郭廬舍　開成三年大水　五年螟蝗害稼

僖宗乾符二年濮州人王仙芝作亂先是謠言金色蝦

蟆爭努眼翻卻曹州天下反仙芝破曹州寃句人黃巢應之　中和二年李克用擊黃巢追至寃句而還黃巢曹州人家世鬻鹽富於資善擊劍騎射初以衆隨王仙芝寇掠江南廣浙入關陷京師僭位國號大齊改元金統爲李克用敗走勢蹙謂甥林言曰若取吾首獻天子言不忍巢因自刎乃斬其首以獻

畢師鐸曹州寃句人乾符初與里人王仙芝相聚爲盜陷曹鄆荆襄仙芝死來降高駢敗黃巢於浙西駢寵待之及末年駢惑於呂用之舊將皆以讒死師鐸內不自安會楊行密兵逼淮口駢令師鐸率三百騎戍高郵主

將張神劍亦怒用之兩人謀自安之計推師鐸爲盟主移檄郡縣以誅用之爲名攻陷廣陵後爲孫儒所殺

昭宗景福二年二月大雪平地深五尺

宋太宗乾德三年六月雨雹壞田稼　太平興國七年旱

真宗咸平五年饑　仁宗寶元二年夏蝗　三年盜起冤句執濮州通判井淵以陳希亮知曹州不逾月悉擒其黨　英宗治平元年大水　哲宗元祐七年麥秀兩歧　紹聖元年七月大水　高宗建炎三年地入於金

金海陵王正隆二年大水民食螺蚌　世宗大定三年

四月飛蝗自北來蔽天有聲　八年六月河決水及州城知州趙安世徙治於舊乘氏仍設濟陰縣附郭即今境去西南至左山舊治五十里

章宗明昌六年省乘氏南華入濟陰舊志作六年恐誤

宣宗明祐四年正月元兵克曹州濟陰令馬驤死之

元光元年七月歸德行樞密院王庭玉破曹州紅襖賊冬十月復曹州　二年七月元東平兵馬都督總管山東諸路都元帥石珪領兵破曹州連戰數晝夜馬仆爲金將鄭從宜所獲金主以其不屈蒸殺之按今城東南隅有石將軍像相傳以爲即珪也第珪在元爲忠臣在曹爲仇人安得有像於曹或云元有天下念其忠而追祀之

世祖至元十四年六月大雨平地水深丈餘　二十九年重修州學崇化堂　成宗元貞元年六月濟陰大水　大德元年十一月曹州進嘉禾一莖九穗見本紀　六年濟陰縣尹張仲常始建縣學　武宗至大二年三月大雨雹六月蝗　仁宗延祐元年三月大雨雪大水　二年濟陰尹李承直重修城郭　英宗至治元年六月大水害稼　泰定元年六月霪雨水深丈餘　二年三月修曹州濟陰縣河隄見本紀　順帝元統二年濟陰大水飢見本紀　至正四年夏五月大雨二十餘日　十年河南北童謠云石人一隻眼挑動黃河天下反及賈魯

治河渠於黃陵岡得石人一眼而汝潁諸處之兵起
明太祖洪武元年河決從曹州治於安陵鎮　二年河
決安陵復從曹州治於盤石鎮尋降州爲縣
英宗正統十一年復建曹州於舊乘氏郎今治曹縣志云
時大河從左山下行以河北之民差徭不便故也　十
三年知州范希正建城隍廟　十四年蝗
景泰三年大饑
英宗天順八年秋八月瑞芝產於州治東廂
憲宗成化二年城四門及城樓告成　知州伍禮始撰
州志　八年秋旱　二十三年有黑氣自東北來晝晦

孝宗宏治六年春大旱民饑掘鼠爲食　十七年秋七月地震

武宗正德三年秋七月妖賊趙寶陳朝宗入境以紅巾爲號衆至萬人諸邑合兵破滅之是年設曹濮兵備道團練馬快民壯六百人　四年罷兵備道　六年四月劉寵劉晨即劉六劉七等竄擾州境戒嚴大修城復置曹濮兵備副使凡直隸河南曹濮諸軍皆受節制始設民壯三百六十人人備一馬後止徭編團練馬快三十三人步壯一百一十八人　七年秋八月飛蝗蔽天又黑風竟日咫尺不辨　九年春正月雷電大雨雪夏五月乙

丑大風拔木雨雹大如雞卵傷麥毀屋瓦飛鳥皆死
十年大雨河決設管河同知　知州吳瓚重修州志
世宗嘉靖元年知州沈韓築護城隄　萊蕪礦賊王堂擾州境至梁晉口戒嚴　三年二月大風晝晦　十七年秋七月淫雨不止　八月櫻桃實　十八年春大饑
二十六年春妖賊謝漢起單縣戒嚴　三十二年大饑　三十三年饑知州周爆重修州城　三十九年大饑　四十年雨雹　四十八年分巡道許鼎臣加修州城
穆宗隆慶六年青堌集地作呻吟聲旬日乃止

神宗萬歷七年改副使爲分巡兵備道專轄兖州府屬曹濮等處亦名兖西道　兖州府推官郭守憲攝州事始行條編法　十六年大饑人相食疫　十七年夏六月二十五日大風拔木　五月旱至六月不雨　八月霣霜殺穀　十八年三月三日霾晝晦大風發屋麥爲之枯　二十一年五月大雨至八月禾盡沒　二十二年西門居民張大斂妻一產三男　知州許恩修州志　二十四年兵備使李天植建重華祠於郡治西後爲書院　三十一年春城東南里許平地出烟如突歷數刻地忽陷數十步濁水自湧深不可測越宿復平是後連

年大水　四十二年旱蝗大饑　四十三年又旱蝗大饑　四十六年學官前兵備使李天植去思碑有孔出水如飛泉是年秋鄉試邑人中式五人　四十七年增馬快民兵六百七十八人

熹宗天啟元年設曹州守備營增馬步兵一千五百人歸兵備道節制　二年春地震有聲如雷白蓮教妖賊徐鴻儒倡亂於鄆之梁家樓遂陷鄆城延及徐滕等處守備李在沐討平之

懷宗崇禎六年八月甘露集大風河水盡立連家橋鄉民車牛吹入半空移時方落　七年元日雷　十一年

旱蝗　十二年大旱蝗飛蔽天蝻生徧地蟲蝝蜂蟻之
屬翼飛掩日渡河而南黑鼠徧野銜尾南渡數日不絕
十三年春不雨六月霣霜十月斗米錢二千是歲井泉
涸菜花不開果不實牛羊不字雞鳴不卵婦人不孕冬
人相食濮州人李鼎元倡亂殺守備徐應期焚掠五百
里兗西道呂黃鐘參將張成福剿撫逾歲乃安　十四
年春大疫死亡者十之七夏蝗蝻徧地野無禾黍民食
桑藿是歲稽麥生　冬梁山賊李青山作亂戒嚴　十
五年冬十有二月初三日城陷兵備副使李恪及中軍
守備董振先死之

顧王南渡時有劉澤清者字鶴洲本曹州人爲戶部尚書郭允厚家奴充本州捕盜弓手素無賴爲鄉里所惡徙居曹縣時流寇方張澤清從軍積功至總兵官後封東平伯加宮保開府淮陰其兄某字鳳洲失其名崇禎時亦爲總兵官没於王事稱名將非澤清比也澤清陰很慘毒暱賊必報曹縣士大夫罹其禍者甚衆澤清鎮淮上曹縣故居增飾亭館一日諸生十數輩飲其中或拾錦鞋於小閣中共傳玩之座中偶有諧語後聞於澤清澤清怒使健兒名捕至淮盡殺之與中表某棻不合亦召至鎮中表祈哀於澤清之母爲婉轉申救澤清

佯許諾禮待頗厚及辭歸遣軍校於途中拉殺之在淮大肆劫掠淮人患苦比於流賊未幾大兵渡淮澤清迎降歸於京師以叛案有逮至蘆溝橋伏法曹人快之不數年故居爲墟

國朝

順治元年春李自成僞官據曹州叅將張成福擒斬之並與在籍戸部尚書郭允厚邢臺知縣劉濬保守境土歸命　本朝　夏四月日月無光赤如血　罷營兵設兖西道標中軍守備一員把總一員團操快壯民兵三百人　五年秋七月曹南盜起僞稱宗王國公圍城兖

西道標叅將李化鯨開門應賊副使黃登孝死刧道標
中軍王爾英兵大掠三日李化鯨者曹之城武人性慷
慨負材勇充本縣游徼卒專捕盜氣伏里中順治初里
人訟其罪於兵備道章于天時章方督工河上立逮鯨
至有言其善泅者章召試之躍入深淵逆行數丈攫泥
而出章奇而釋其罪委以河務甚辦既而薦諸河督楊
公五年春化鯨于役過曹兵備道黃登孝聞其才請留
到中軍聲勢日盛四方亡命多歸之而陰行椎埋如故
久之諸郡縣獲羣盜皆詞連化鯨化鯨內不自安會河
督用前勞奏補兗州營守備又徵聞不法狀檄化鯨以

單騎就職愈疑懼不敢往遂糾黨謀逆求得宗姓者擁戴之僭稱公侯秋七月合其黨先舉兵反曹縣定陶及城武又攻曹州化鯨爲內應殺兵備道劫公庫居三日分其黨北攻濮東攻鉅野而自率大衆西困東明俱不克旋爲大兵破走據曹邑築長圍困之城潰黨與皆屠戮化鯨俘 京師伏誅 總河楊方興奏請設曹州營經制守備一員把總二員兵五百名 六年署兵備道蘇宏祖請添設叅將一員千總二員把總四員馬步兵一千名又添道標把總一員兵二百名 土匪賈從龍聚衆數千騎薄城兵備道張國士單騎抵賊壘諭以禍

群賊下馬羅拜而去　十五年調參將張德俊帶馬步三百名移防浙江遺缺以守備領之　十七年復設曹營參將領兵六百戰馬一百八十四匹　十八年裁兗沂道其標兵歸營

康熙三年裁訓導　四年大旱饑　奉定曹營參將一員中軍守備一員千總二員把總二員額兵五百八十五名戰馬一百一十七匹　七年正月有白氣自西北亘東南六月十七日地震有聲如雷自西北起城垣屋宇傾摇移時乃止　十一年夏六月有蝗自東南來𧏮飛蔽天七月蝗生徧地秋禾大損　十三年知州佟企

聖修曹州志　十九年復設訓導　四十二年大水

四十三年疫

雍正元年初設兗州鎮以曹營屬之　二年改曹州爲直隸州　前屬兗州府　四年大水　以丁銀歸地畝徵收　移曹州同知駐曹縣桃源集　七年改設清軍同知於桃源州同知掣回　十三年陞曹州爲府設菏澤縣附郭

乾隆元年邑人劉玉麟　改名藻　舉博學鴻詞科　十二年大饑賑　十三年蠲免錢糧　十四年初建重華書院

二十年建縣城隍廟於城西北隅　二十一年知府宗

向質重建書院改名曰愛蓮　三十一年蠲免漕糧

三十二年知縣樊濬生領帑重修郡城　三十四年始設沙土集巡檢司　三十六年蠲免正賦地丁銀三萬七千七百六十二兩有奇　三十八年停造戶口編審册　四十年知縣張東始撰縣志（原稿十四卷未刊今志內所謂張志本此）

四十八年夏知縣謝肇洞大修愛蓮書院學使趙佑書額仍改名重華　秋旱四十九年春旱二月二日風霾晝晦冬無雪　五十年春無雨至於六月始有歲大饑知縣王績著請賑設粥廠於城隍廟窮民就食者五六千人至明年五月止　五十一年春大疫道途死者相

枕藉知縣王績著捐資瘞之是年麥大熟　五十二年有秋運河水涸河督蘭奏請重開趙王河上由陶北經長垣東明曹縣自安陵入縣境至城東之雙河口因舊濟河遺形改而東挑至張什店玉皇廟截灣取直開生地六百丈復於張什店東二里南挑生地七百丈分支入北渠河至劉樓出縣境入鉅野經鄆城汶上入南旺湖以濟運又於雙河口北横築柴壩一道使水不得北下由此而趙王河之下游廢矣然無源之水又去運遼遠甚無益也知縣王績著有詩紀之　五十三年三月二十八日城西門中有青蛙數十萬緣城而上盡一日

乃去同日東明曹縣並有此異
嘉慶十八年歲飢教匪朱成貴陷曹定與滑縣土匪相
為犄角屢犯邑界鹽運使劉清討平之　十九年夏寶
鎮都飛蝗大起有蜂螯之蝗盡死
道光二年大水害禾稼　十年閏四月二十四日戌刻
地震房舍搖蕩人有壓死者後屢震至八月乃止　十
一年八月淫雨平地水深二尺禾盡淹沒　十二年冬
大雪平地五尺餘桂柿多凍枯　十八年飛蝗過境蝻
徧野大雨蝦蟇食之蝻不為災　二十七年夏不雨饑
咸豐四年髮匪北犯擾鄆城戒嚴　十年十月皖匪大

擾曹州屬邑土寇蠭起以征勦皖匪爲名自稱一心團又曰長槍會曹則劉景山王景崇王禮坦蕭百如等起郭家樓菏澤則王鳳璲鉅野則張四鏡定陶則祝振清城武則李典瑞等起蒙家胡同蘇家集陳家集新集沙土集鉅野西南柳林集定陶東北孟家海陳天王廟姑姑菴黃店城武之王家堂鄆城之梁山所在嚮應衆幾萬餘民團皆散而入會巡撫文煜令守備謝炳知縣王朝翼引勇千餘赴勦曹州知府童正詩定陶令武變率民團擊之沙土集禽鳳璲及張東海等鉅野團總率兵分路掩獲土寇略定

十一年春捻亂益深土寇勢益甚自前四五年以來官募練勇數千自備長槍名曰長槍會義勇守令聞警率禦賊稟請稟司動支正賦稟給日久靡帑甚鉅臺司停其稟給守令張空拳莫聽命於團總於時團總自爲桀捻有功橫行曹屬生殺由已斂費無度曹州守童正詩菏澤令楊傑因練總倪廣和即倪和尚郭秉鈞生員焦桂昌即焦瑞麟郭廷珍董執信李標王廣緇田効曾常連偏等赴愬團總苛斂強橫我等既爲官練隨官禦捻又無例給口糧不應再出團費正詩等韙其言曰論止團總而長搶會練總號召多人團總之權日絀因與練總壽難搆

釁牧令不敢爲左右袒團總投身僧王大營言長槍會包藏禍心亟宜征勦並言牧令庇匪害團王大怒遣驕將引軍合民勇壓境捕治會衆大譁謂地方官庇團縱我於是河東南則倪和尚高丕振等管領金鄉定陶城鉅菏濮各團寨奸民河東北則劉占考丁書堂等管領鄆范壽張東平各團寨奸民以及散勇數踰五六萬值皖匪犯境遂合捻門團連陷鄆鉅百數村寨四月初五日黎明倪和尚等衆近萬圍攻曹郡正詩與僧營參領桂祥登陴轟擊傷匪百餘始卻盡焚附城廬舍三晝夜火不絕初八日引衆向西北小留集去次日占考衆萬

餘自沙土集以南飽掠而廻勢再逼城下僧王所遣援軍都統西淩阿騎兵阻賊不得前曹郡閉關二十餘日吏民不得眠食皆無人形勢幾陷　五月會匪郭秉鈞等圍單城六日退入城武境僧營軍兩敗賊於鉅野一敗賊於城武斬級無算而劉占考倪和尚兩大股分屯曹州城外四十餘日邑人邢清源奉教令密書變妝縋城出至長溝乞師僧親王營王乃遣軍與賊戰於龍堌窪殺獲甚衆又戰於白夫頭賊大敗追殺五十餘里

十月曹州長槍會匪倪和尚一股屯郡城東北劉前一股屯正東郭西令屯正西司古一股屯西北侯伍一股

屯正北焦桂昌一股屯正南常佩蓮一股屯東南在苛灤境者十之六曹定交界者十之三城鉅境者十之一而來往於鄆鉅沿河之安興墓新興集濮范之洪川口與水南羣匪相翕鬬勝則驅馳焚掠敗則遁入水套十一月僧王移軍紅川口擊匪累捷攻郭家唐坊入郭秉鈞老巢秉鈞走入捻中爲斬其弟旗其家兵勢甚盛十二月秉鈞桂昌等引衆四千餘由南突奔曹州菏令王朝翼方周巡堡寨遇賊於葭密大挫十八日僧王騎軍擊陳家集匪奔西北五霸岡次日馬賊二千步賊數千分三路南奔王軍追至黃南龍門口斬級千餘救難

民二千餘秉鈞等率馬匪數百遁走曹南無賊

同治元年曹州會匪圩寨自去冬僧王軍分路向南攻擊十拔其四寨匪悉薙髮投誠惟會匪首目焦桂昌劉前董執信李標等率黨數千潛投皖匪中思再逞 六月僧王軍擊匪菏鉅間連拔田渾寨子家樓餘匪北奔菏令王朝翼定令武嶽等引團與賊戰挑敗亡失兵勇器械甚多三十七日署守林士琦等整團再進僧王由虞城遣將蘇克金騎兵來朝翼等先出挑賊騎軍砍之斬級百餘馬匪略盡步匪据圩困守官軍仰攻匪伏發火器傷官軍次日官軍圍之益密匪困伏圩外乞降諸

軍初未之許也乃會匪故多籍隸曹屬即有民團癃老百餘赴營乞請以困門曠日麥秋農功乃亟若允所請庶幾早日罷兵歸農諸軍重違民意允之於是匪首董執信等薙髮就撫降者千一百五十有二收火器旂矛五百六十有五戰馬百五十騎節錄山東軍興紀略其事關合郡不備載

咸豐十一年四月初四日申刻紅風大作晝晦鎗刀皆有火光翌日土匪肆起圍城五十餘日知縣王朝翼固守得全

郭秉鈞志道都人性陰險多智計結交邑命四方無賴少年多歸之咸豐中豫匪北犯郭陰蓄異志藉名團練結里黨爲長鎗會與定陶人劉萼鍾賈兒和

尚等倚爲聲援肆行虜掠屢偪郡城王師殲之合門伏誅　焦桂吕嘉會都人性剛愎負氣聚衆數千人是年潛通南匪迎脅良善慘毒備至與郭秉鈞相爲聲援後勢蹙歸降因僞檄多叛逆語合門族誅

同治二年六月獵蹙都飛蝗過境遺蝻徧地土人買蝻子數千觔治之蝻不爲害　三年六月大風晝晦大木多拔遂雨冰　四年正月十三日雷電雨雪四月髮逆張總愚竄擾入境親王僧格林沁窮追至葭密寨前阻大河賊困極反鬥苦戰數晝夜王師不利僧王死之民情大震先是三月初僧王敗賊於豫省捻首賴汶洸

張總愚率衆日疾行二百餘里由豫之李八集過黃河老隄初六日抵河南之考城初七日曹菏城定諸縣賊騎百十成羣往來迅疾僧王亦回軍入東三旬之間回旋奔逐不下三四千里軍中多怨言顧王寢食俱廢恒解鞍小憩道左引火酒兩巨觥輒上馬逐賊謂誓滅羣醜以紓　宵旰以救民生聞者泣下　四月二十二日賊竄曹州府西南勢北向自菏澤之朱家集濮州之臨濮集開州之焦邱戈旛如林人馬如蟻不見其際僧王親督步騎轉戰追逐殺獲無算王軍疲甚士卒道路而王忠勇奮發曉夜追奔不已二十三日及賊於邑之解

元集次日及賊城西北之高棧繫捻且戰且走追壓十餘里大股羣賊隱隄外王軍逐之正蹈淤倫四起聲壓藏霧王分軍爲三攢隊進擊諳林不勒陵國瑞由左常星阿由右王督成保騎軍郭寶昌步軍擣中堅敗賊回鬪伏賊夾攻左軍先卻中路步騎方進不撓捻幾不支俄而右軍亦卻捻舍兩路抄中軍之後四面圍裹王麾馬衝陣不能突圍退保小圩舊名葭密寨捻環圩列隊圩內并壍木刊官軍不能舉纍王下馬憩樹下從容謂從騎曰爾曹死無益吾當在此盡忠衆皆泣捻槍礟已及騎士驚散從者環跽請行日色漸熏全順等請乘夜

突圍王頷之遂行屢蹶王曰驟之三驟三蹶從騎多負傷不能前裹創再進至吳家店距府城西北十五里從者略盡長子巳及王墮馬遂遇害內閣學士全順總兵何建鼇額爾經厄同死之王所御黃馬被鏃馳回軍士識之方驚疑捻隊掩至軍民悼駭號哭四野不絕聲時四月二十四日戌刻也事聞優詔照陣亡例以親王飾忠興禮從優議卹節錄山東軍興紀略

五年麥秀五穗　六年七月大風拔木　七年夏永康都烏巢於榆上生小烏皆白　十二年正月日赤無光

十三年大風雨冰平地深三寸

光緒三年中秋日黑風拔木咫尺無所見　冬晉豫游饑流民入境日以千計總兵王正起捐銀二百兩署知府積慶捐銀一百兩曹州府知府樊希棠損銀一百兩知縣凌壽柏捐銀二百兩曹屬外州縣並各統領總共捐銀九百六十兩邑人相繼捐送銀米柴薪分置二粥廠其尤貧者給綿衣閱四月乃止計全活五千餘人

五年三月十七日大雪凍結數日果木不實四月念九日雨雹人有受傷致死者　七年夏石生綠毛長二寸

張志災祥至乾隆四十年止其後軼事或採諸舊聞或見於他說遺漏綦多矣舊志又有異聞方外鑒戒諸目

石言蚍鬥半屬無稽死生因果之談梵士禪修之論無關典要徒駭見聞刋而去之亦庶乎免無補之誚爾

光緒十一年秋　蔓亭先生自曹南來書言菏志之刻將成錫祺不可無言伏念家君服官山左三十有餘年而爲菏澤令最久其居官以不擾民爲務而遇公家事則奉法必行以故菏之民建生祠頌德政勒碑所在多有家君自以久莅菏又深悉治菏要領故光緒六年有刱刻之志又三年踵其舊而重修之今年春刻及十卷未畢而家君棄養於菏之官舍嗚呼此家君之志也小子敢忘哉於時錫祺錫祉將還殯濟南卜地以葬而遂以未刻之八卷告於　蔓亭先生督手民以終其事先生官教授爲家君寅好又於錫祉爲外舅固有力於斯

事不憚煩且勞者獨念斯志爲有曹三百年未有之舉家君一再纂修棄世不數月卒不得一覩其成爲恨小子憾焉而要其蕆蒔之功永永不廢則庶幾於斯志見之此又錫祺等泣述其顛末而爲讀斯志者告也

光緒歲在乙酉八月錢塘凌錫祺謹識

【隆慶】單縣志

(明)夏維藩修　(明)周衛陽纂

抄本

祥異

春秋書灾異不書祥瑞茲乃兼誌之何蓋和氣致祥乖氣致異天人之際實相流通簡册明徵

不可誣也書祥以示勸書灾以示警盖克勤則轉禍為福不然則休亦終為咎焉而已相須之幾不亦大可畏乎圖政者尚其觀省于斯

呂仙翁　四月十四日誕生曹遊單父既出邑人於舊城東北隅立祠州人包九成心仙翁乃於四月十三日謁誠改醮祝曰如翁復可示靈鸞翌日果有白鶴四隻從西南來時方去自後每翁誕日祠側草結成鶴形日高透或其迹人以為祥○開寶元年龍出單父井中○淳化元年六月單父風雹害稼○皇祐五年七月單州禾異畝同　朱英宗治平元年　單三州大水○金　宗大定元年三月　率居民　分　於單州境○興定　分　單州境○興定　官輸

田復給其○　六月單州等
十二處大水害稼人　十三年河南
家等口泜　水河河水橫流曹
二　民○天七　大有麥有一穗二穗
三穗四穗者○正德年黃河水決楊晋口
居廬殆盡○正德六年夏雹边
豐　大楓一株又年春黑風晝日咫尺
不天中四年春大疫門門死者甚衆又十正
三秋飛蝗蔽天蝝蝻遍野至十六年尤甚嘉靖
二　句黃河　城廬盡沒十六年民
門者　頭牛犢二十年　月黑風晝日不
二十六年汶上縣白　楊惠節倡亂
再

單縣瑞麥記

兗之單縣二　在　一莖之虫有柔
三　有四穗維　而　之成化之

項葆禎修　李經野纂

【民國】單縣志

民國十八年（1929）石印本

災祥志

昔吾荷渠劉蘇村為府志二十二卷體例稱為謹嚴其五行志曰曹屬各志或云災祥或云祥異無以五行言者夫水旱蝗螟石隕山摧固為災矣黃龍白雉甘露醴泉果可為祥乎漢書創為五行志大率記災異事郡縣志既不應志天文則取象緯各變附見於五行下未乖體例也至宋書之志符瑞魏書之志靈徵誕誣不經宜從擯棄又曰今之曹境自晉永嘉至梁陳皆不隸中原版圖徐豫濟陰等名乃僑淮南非

其故地今撿南北七朝史按其方輿參互異同剏為
義例合而叙之但以甲子紀年不標某朝年號庶南
北畫一稍免牴牾之失爾覺羅氏續修單志取而因
之并稱其採擇詳審體例精到是也吾又何以易乎
然漢書之五行志每事必取五行與五事比附推測
以明感應之理其拘泥難通者在此其所以命名者
亦在此今篇内既不用其例但於標目用其名且其
子目一乃仍曰災祥未免自乖體例矣夫天道遠人
道邇災祥之事信未易言也而感應之理亦不能廢

也馬端臨之為通考取所謂災祥者筆之於書名之曰物異以俟人之自省耳豈盡無災祥之可言乎按春秋傳宋襄公問周内史叔興曰是何祥也吉凶安在杜注曰祥吉凶之先見者然則古之所謂祥者非獨吉祥之稱亦兼吉凶而言之者也今既不用五行志之例訖仍以災祥名之蓋雖不能名其事為災某事為祥要皆可兼災祥而言之者也又分子目二曰天象曰物異但書其事而不言休咎亦竊取馬氏之意天象不載日月之食格於例也地統於天水旱之

災不可以物名之故屬之於天象至物異則别為一類取便觀覽編次雖與舊志小異而大體則仍其舊爾

天象

周武王將伐殷五星聚房

敬王四十年熒惑守心

漢高帝十二年春熒惑守心

景帝中元年六月蓬星見房心間

昭帝始元中蓬星入營室熒惑在婁逆行至奎

宣帝本始二年七月熒惑守房之鈎鈐　地節四年五月山陽濟陰大雨雹

成帝陽朔元年七月月犯心　綏和二年春熒惑守心

明帝永平十六年正月歲星犯房右驂

和帝永元五年七月火犯房北第一星　七年十一月金火俱在心

安帝永初元年五月熒惑逆行守心前星　三年正月月犯心後星

桓帝延熹四年五月客星在營室至心轉為彗

七年十月太白犯房北星　八年閏五月太白犯

心前星　九年河水清自濟陰東郡至濟北平原

靈帝熹平二年八月太白犯心前星　三年四月

熒惑守心後星　六年八月太白犯心前星又犯

中大星

魏文帝黃初四年三月月犯心大星十二月又犯

明帝太和五年五月熒惑犯房

景初元年二月月犯房第二星　九月霖雨兗徐

豫大水　二年二月月犯心五月又犯
齊王正始元年閏十一月月犯心
晉武帝泰始四年九月徐兗豫大水　咸寧三年
十月青徐兗大水　太康二年五月濟陰雨雹傷
禾稼　四年七月兗州大水　六年濟陰旱傷麥
八年三月熒惑守心
惠帝元康五年六月徐兗豫大水　八年九月徐
兗豫大水　九年六月熒惑守心　太安元年七
月兗豫徐大水　永興元年七月太白入房心

光熙元年九月熒惑守心填星守房心
懷帝永嘉四年四月兗州地震 五年十月熒惑守心
元帝太興三年六月太白歲星合於房 四年十二月月犯歲星在房
成帝咸康二年正月月犯房南第二星 三年七月月犯房北星 四年十一月太白犯房上星 五年七月月犯房上星 七年三月月犯房 六月熒惑犯房

穆帝永和二年二月月犯房上星四月又犯 四
年七月月犯房 六年二月月犯心大星又犯房
八年五月月犯心六月犯房 九年三月月犯房
十年三月月犯心大星 升平元年十一月月掩
歲星在房 二年閏三月月犯歲星在房 六月
月犯房
孝武帝寧康元年正月月掩心大星
安帝義熙元年三月月掩心前星 二年二月月
犯心後星 三年二月月掩心後星 六年三月

月掩房南第二星六月亦如之 八月月犯心前星 八年七月月掩房北第二星 十年二月月犯房北星 十二年五月歲星留房心之間

南北朝辛酉年六月熒惑犯房 壬戌年六月月犯房有星孛於室壁熒惑犯房 甲子年正月月犯心中央大星 十月熒惑犯心 壬申年三月月犯房鈎鈴 八月太白犯心前星 乙酉年四月月犯心 丁亥年正月月犯心大星 二月河濟俱清 丙申年八月太白入心 九月濟河清

戊戌年十一月月犯房及鈎鈐己亥年三月亦如之庚子年正月月犯房六月又犯心前星十二月又犯心中央大星以後月犯心犯房幾無虛歲具見宋齊魏志不悉載　辛丑年九月河濟俱清　甲辰年十月太白守房　丙午年十一月太白犯房　丙辰年四月徐兗大風雹　壬戌年八月徐兗濟等州大水　戊寅年兗豫二州大霖雨　乙卯年徐豫兗等州大水　庚辰年七月徐兗豫等州大水　辛巳年正月熒惑守心　癸未年七月

兗徐大雨雹　十二月兗州大水　甲申年二月熒惑犯房右驂三月又犯　戊子年七月孛星見房心長四丈　己亥年七月熒惑掩房北第一星　年丑年熒惑掩房北第一星

隋文帝開皇十五年兗州曹州大水　仁壽二年河南河北諸州大水

煬帝大業八年山東諸州郡大旱　十三年又大旱

唐太宗貞觀三年秋鄆州水　四年戴州水　十

六年戴州大水　十七年三月熒惑守心前星逆行犯鉤鈐　十八年十一月月掩鉤鈐

高宗永徽二年九月太白犯心前星　上元二年正月熒惑犯房　次年犯鉤鈐

玄宗開元三年河南河北水　十四年秋河南河北大水　二十五年六月熒惑犯房　天寶十三年五月熒惑守心

肅宗乾元元年五月月掩心前星（終唐之世月掩心星者十四總記於此後不悉載）　上元元年十二月歲星掩房

代宗大歷四年二月熒惑守房上相　八年四月
歲星掩房　十一月太白入房　九年七月月掩
房
憲宗元和二年月犯房上相　九年二月月犯心
中星（終唐之世月犯心星者七後不悉載）
文宗太和七年五月熒惑守心　開成二年三月
慧星掩房　九月有星大如斗長五丈自室壁西
北流入大角下沒　三年曹濮等州大水
武宗會昌四年二月歲星守房掩上相

宣宗大中六年九月有彗星於房

懿宗咸通十年熒惑逆行守心

昭宗乾寧二年七月熒惑犯心

五代梁乾元二年正月熒惑犯房第二星月犯心大星 四月月掩心大星

唐天成元年八月太白犯心大星 九月月犯心大星 二年六月熒惑犯房 九月歲星犯房 三年五月月掩房距星 六月月掩心庶子 十一月月掩房 十二月熒惑犯房 長興二年二

月月犯房

晉天福八年十一月月犯房 開運二年七月月犯心前星 十一月又犯後星

漢乾祐二年六月月犯心 八月月犯房次將三年八月太白犯房又犯心大星 十月月犯心大星

周廣順元年三月歲星守心四月犯鉤鈐 三年七月月犯房

宋太祖建隆三年六月月犯房第一星自建隆至靖康之世

十一月熒惑合於房月犯房者五十六後不志書開寶四年鄆州河溢自此濮鄆單州河決水溢壞官廨民田至五年六年不已

太宗太平興國八年十月月犯心後星自太平興國至靖康之世月犯心者七十七後不志書

真宗咸平二年曹單等州旱　景德三年三月熒惑守心終北宋之世歲星犯房星者七熒惑犯房星者二十掩犯心星者二守心者一填星犯房星者二太白犯房星者十六掩犯心星者十一後不志書五星自相犯亦不書　天禧三年六月河決滑州泛濮鄆濟單至徐州與清河

合

金熙宗皇統七年七月熒惑犯房第二星　海陵天德二年二月月犯心大星（於金之世月掩犯心者十二錢不悉書）大定四年十二月月掩房北第一星　六月十二月月犯房北第二星　十四年四月單州雨雹傷稼　二十七年七月月犯房南第一星　二十八年正月歲星留於房守房北第一星

衛紹王大安二年二月熒惑犯房是年山東河北河東諸路大旱

宣宗貞祐二年十一月熒惑犯房　興定元年單州邑傳錄

元世祖中統二年十二月熒惑犯房終元之世熒惑犯房者十四從不志載

至元元年五月太陰犯房終元之世太陰犯房者四十二從不志載

二年六月太陰犯心大星終元之世太陰掩犯心者四十四從不志載

十五年十一月太白熒惑填星聚於房

二十年四月歲星犯房又掩房終元之世歲星掩犯房者八

二十四年八月太白犯房終元之世太白犯房者十

二十六年閏十月辰星犯房終元之世辰星犯房者五

武宗至大元年九月填星犯房終元之世填星犯房者三

英宗至治二年六月熒惑犯心距星

泰定帝泰定二年六月單父等縣水

明太祖洪武二年正月熒惑犯房終明之世熒惑犯房者十四復下見志十年十一月歲星犯房終明之世歲星犯房者十三十三年八月太白犯心終明之世太白犯心者四二十二年十一月歲星入房二十三年五月歲星守房二十六年十一月青兗濟寧三府水三十年八月熒惑入房三十一年十月熒惑守心

惠帝建文四年九月太白入房
成祖永樂二年八月太白入房　四年十月太白
犯房北第一星（餘明之世太白犯房者七）十五年十二月熒惑
入房北第一星
宣宗宣德九年東昌兗州旱
英宗正統二年兗州春夏旱　三年兗州饑　十
一年兗州大水　十二年兗州東昌河決
景帝景泰三年兗州大雨傷禾　五年八月兗州
大水河漲滂田

英宗天順元年十二月太白填星合於心
孝宗弘治六年四月東昌兗州同日地震有聲
十二年十月辰星犯房北第一星 十五年九月
兗州地震壞城垣民舍是年兗州饑
武宗正德元年八月心中星搖動 十一年兗州
旱 十二年六月有星出於房
世宗嘉靖二十三年正月熒惑歲星填星聚於房
三十二年大饑 三十二年兗州旱 三十四年
十二月地震 三十九年饑

神宗萬曆四年河決豐沛曹單漂沒田廬無算
三十四年四月熒惑犯心　三十五年八月孛星
見，貫井自房歷心
熹宗天啟七年三月辰星退犯房是年黄河清
莊烈帝崇禎十一年五月熒惑自尾退入心　十
四年大饑斗米萬錢大疫民死甚多　十五年五
月熒惑守心
清世祖順治十一年四月天雨雹禾麥大損　十
七年八月兖州地震次年又震

聖祖康熙四年兗州東昌大旱饑　七年六月地震有聲　九年水災　十一年正月有星大如斗赤如日自西而南散作七星光耀燭天　十八年水災　二十一年單縣大水　二十四年水災　四十二年兗州東昌等府大水　四十七年秋七月旱　四十八年夏五月大水

世宗雍正四年兗州東昌等處大水　十二月曹單黄河清

高宗乾隆十二年曹州等府大饑　二十三年歲

稔　二十九年大有年　四十九年歲旱民饑
五十年四月初十日風霾晝晦　六月初五日地震
歲大旱
仁宗嘉慶元年黃河自豐汛六堡漫開倒漾邑境
淹沒村莊無算　二年黃水泛溢　八年秋黃河
泛漲境內大水　十五年正月彗星見　日風霾
晝晦　十六年歲旱　十八年春彗星見於北斗之
右光數丈至九月漸沒歲旱饑　十九年春大饑
二十年元日雨雪八月人多瘧疾黃水為害　二

十四年冬大雨冰地凍五六寸厚滑不可行樹枝多墜折　二十五年十二月二十三日雨結為淩

宣宗道光元年四月朔日月合璧五星聯珠　夏秋大疫人死無算　二年六月不暑　秋大水傷稼平地行舟十月始得種麥　十年閏四月二十二日戌時地震有聲房屋搖動後屢震至八月乃止　十一年七月十六日至十八日日色無光白晝如晦冬大雪平地深四五尺草木凍枯　十三年春大饑二麥芒種後十八日始熟　秋大水傷禾　十

四年四月　日大風折木　十八年夏大雨
十九年正月三十日雨雪雷電交加　秋大水
八月多瘧疾　二十二年四月彗星見
文宗咸豐元年七月二十四日黄河決口北去濟
没村莊無算　二年二月地震　三年春大饑人
死無算三月八日地震夏大旱秋大霪雨平地水
深數尺　五年四月十五日月兔外遊六月河決
河南銅瓦廂黄流北徙境内大水　七年春大饑
人相食　八年八月彗星出西北久而南移　十

年七月熒惑入南斗 十一年四月四日紅風大
作白晝如晦五月彗星見西北方入西南次
穆宗同治元年七月彗星見西北方長竟天 四
年五月十三日天鼓鳴自西北而東
德宗光緒二年大旱自春至七月不雨赤地無禾
大饑 三年八月十五日黑風大作白晝如夜
四年大有年 五年三月二十八日雨冰樹枝多
被壓折 八年三月二十五日雨雹大者如饅頭
平地深尺餘麥禾盡傷樹木摧屋斲毀無數自成

西北孫家寺至城南騰湾或窠或窪長約六七十里七月彗星見東南方形如匹練 元年九月黃昏後遍地火光如星月餘始息 十一年五月二十三日天鼓鳴起於西南沒於東北七月流星如織不計其數 十四年五月地震 二十六年五月太白經天月餘熒惑鈎巳 二十七年二月十四日虹霓初黃繼紅終黑白晝如深夜

宣統二年五月五日雨雹大如拳

民國十年五月大霪雨自五月晦日至八月十五

日逵綿八十餘日護城隄西北角破水沖開隄內水深丈餘城內街巷均可行船　十一月椿楊生葉　十一年春饑四月殞霜殺麥　十三年二月十六未刻風霾晝晦　七月歲星守心　八月二十九日雷　九月初七日酉刻星殞自西而東火光四射大者如斗小者或如雞卵或如錢淋零亂墜移時天鼓鳴起於西南入於東北震動窗壁有聲　十四年正月初十日申刻虹見坤方彩光五道縱橫不一　二月十七日風霾　十五年四月朔雨

雹入曹馬集出浮綱集寬六七里不等深二三尺壞麥無算　六月二十五夜驟雨天大雷電以風東北城橋自根至頂陡往外張十餘丈城南霍莊張樸沈窑發屋二三十間無蹤跡有五六里外得桴椽者　秋冬霪雨為災屋宇傾頹人鮮柴薪十月始得種麥

【道光】城武縣志

（清）袁章華修　（清）劉士瀛纂

清道光十年（1830）刻本

城武縣志卷十三

外志 祥祲 寇警 技術 方外 紀異

○祥祲 漢唐無考

晉

有鳳凰棲於南門外嶺上

宋

高宗紹興三十一年河決曹單城武渰沒民居廬舍殆盡

元

順帝至正四年夏六月大水害稼歲饑

明

成祖永樂十三年黃河決口城傾圮

英宗正統十四年飛蝗蔽天

憲宗成化六年大旱

二十三年黑氣自東北來蜩又霧晦

武宗正德十二年黃河口決城傾圮都御史劉愷

治之築隄自開元寺至荷村綿亙八十里或云

參閣在王

世宗嘉靖三年大風晝晦自未至酉人畜不辨
二十六年秋河決人溺死者甚衆漫定陶城武
衝轂亭
神宗萬歷十六年大饑人食榆皮草根父子夫妻
不相顧
十八年三月三日黑霾自西北來忽晦終日無
所見
二十一年大雨自四月至八月不止麥盡爛秋
禾壞民大饑如十六年

四十四年大旱蝗起青濟尤甚婦女販賣流離
載道
四十五年大旱蝗蔽天賑荒直指使過庭訓奏
以入粟爲庠生時謂之粟生又以捕蝗應格亦
許入庠時謂之蝗生
熹宗天啟元年冬雨大冰樹枝盡壓折地如琉璃
滑不可步
二年二月初七日夜地震有聲自東北來五月
徐鴻儒反

五年正月十五日日赤如血無光四月大霜殺
麥禾
六年夏旱蝗大起翀天翳日所過禾苗一空
七年六月二十三日白虹見如疋練彌天
懷宗崇正七年七月黃河張家口決秋禾淹沒
十年大旱蝗
十三年汝上集元旦天上有聲如雷薄昏星墜
形類石礫或以鐵擊之隨火光而散二月黃風
蔽天日屋瓦牆垣皆作重金色相連兩月春種

不入民大饑斗米千錢有明二百餘年　武穀價
貴無甚此者人相食盜賊蜂起
十四年春瘟疫流行人死殆盡麥熟無主村絕
人烟城市婦女插草標賣身
十五年鼠生遍野十數成羣白晝往來見人不
懼盜賊充斥冬十二月賊破城人死無算
十六年三月日色摇蕩無光八月太白晝發芒
角經天

國朝

順治二年河決流過戶秋禾淹沒

五年夏霪雨一百日七月賊李化鯨破城

七年河決曹州荆隆口水周城南北闊四十餘

里横流東下五年始平地盡荒蕪

十六年五月初霪雨至八月大傷麥禾

康熙元年河決石香鑪邑南田禾盡沒十一月丙

土數日

四年春大旱風砂彌月不息人多餓死

朝廷發內帑遣官賑濟蠲免年錢糧

七年六月十七日戌時地大震自西北來聲如
轟雷地如舟漂巨浪側傾再三城垣廬舍盡圮
壓死人畜無算
九年正月初二日晚落星如月光照庭宇有聲
如雷八月河決牛市屯口漂沒秋禾知縣劉佐
[illegible]上陳災傷免半年田租
二十三年秋雨連緜兩月不止麥不能種
二十四年秋大水民間十室九空
三十五年二月二十八日初更時黑風大作自

西徂東叫號怒發草房盡圮露積俱飄野火亂
流或大或小忽聚忽散夜半乃止
雍正八年大饑
乾隆二十一年大饑鬻男女者盈市約值僅數百
錢
二十六年河決流通口水勢甚盛一夜即潰隄
入城深丈餘數日始退
四十六年河復決前處入城北隄河七分北可
二十里入城南桶子河三分南約十里蒙

恩發帑賑濟至四十八年春河工告成水始漸退然

被水之區悉成沃壤至今賴之

五十年四月初十日酉時忽起黑風對面不能

見人六月初五日地震

五十一年春大饑人相食死者無算

恩發帑賑濟邑侯施飯數處

嘉慶十七年春彗星見於北斗之右漸移而南長

數丈至秋末始沒占者以爲癸酉兵荒之兆

十九年春大饑流亡不可勝計時蒙

恩賑濟

二十年瘟疫徧齊豫其不病者百中一二

二十四年冬大雨雪地積半尺許消不可行樹

枝壓折

道光元年夏秋間大疫流行死者無算

二年秋霖雨傷稼平地水深尺許上至流通口

下至南陽湖舟楫往來不絕

九年十月二十三日地微動

十年閏四月二十二日戌時地震有聲二十三

日二十九日五月初五日初七日十二日俱微

震

(清)黄維翰纂修 (清)袁傳裘續纂修

【道光】鉅野縣志

清道光二十六年(1846)續修刻本

鉅野縣志卷二

特調鉅野縣知縣星沙黃維翰少棠氏手

編年志

祥異附　星變惟紀奎婁以屬鉅邑分野也餘不悉載

龍門涑水代有紀錄惟紫陽綱目一書上倣春秋年經月緯揭庶政之綱維垂百世之法鑒史也而經寓焉郡邑之志舍此曷循舊志惟紀祥異殊少挈綱撮領之義茲特敘時代搜故實自周秦以迄

聖朝凡庶徵之休咎邑境之因革民命之安危皆可按籍而求瞭如指掌書有之王省惟歲卿士惟月師尹惟日紀事蹟而並紀災祥兼以示修省也作編

年志

春秋

隱公十年鄭師入防杜預註曰昌邑縣西南有西防城

桓公七年春二月己亥焚咸邱杜預云今山東鉅野縣有咸亭

莊公九年公敗宋師於乘邱乘邱瑕邱東漢皆屬山陽郡隋書地理志開皇時會於鉅野置乘邱縣

莊公十三年夏六月齊人滅遂杜預云遂國在濟北蛇邱縣南北按古定陶郎今鉅野商嘗封舜後於此郡志以爲在寧陽境悞

莊公三十年冬及齊侯遇於魯濟註云濟水歷齊魯界在魯稱魯濟郎今鉅野

莊公三十二年夏宋公齊侯遇於梁丘杜預云梁丘在高平昌邑縣西南有梁丘鄉是也彭越以功封梁都定陶之梁丘其後割入縣境土人爲立梁王廟

襄公十九年城武城

二十二年庚子孔子生於魯昌平鄉

昭公七年四月甲辰朔日有食之及降婁之次

定公十三年春齊侯衛侯次於垂葭註垂葭敗谷郥氏今山東鉅野縣西南有郥亭

哀公十四年春西狩獲麟傳曰西狩於大野叔孫氏之車子鉏商獲麟杜云大野在高平鉅野縣

秦

始皇　二十六年分天下三十六郡置鉅野屬碭郡

二世　三年沛公從碭北攻昌邑

西漢

高帝　遇彭越於昌邑年月不詳　六年改碭郡爲梁國　十一年三月丙午封皇子恢爲梁王　高后七年徙梁王於趙自殺謚曰恭

孝文帝　二年二月乙卯封皇子揖爲梁王　三年塡星在婁　十八年徙淮陽王武於梁國

景帝　元年三月塡星在婁幾入還居奎　三年

四月以楚相張尚諫王戊反不聽死之封其子
當居爲山陽侯　六年二月丙戌封梁孝王子
彭離爲濟東王　四月梁孝王薨分梁爲五以
孝王子定爲山陽
孝武　元光三年春河決瓠子注鉅野　元鼎元
年濟東王彭離有罪廢徙上庸省濟東國爲大
河郡　天漢四年更山陽爲昌邑國封子哀王
髆　元朔二年山陽王定薨　征和四年昌邑
哀王髆薨子賀嗣立
昭帝　元平元年夏四月帝崩大將軍光承皇后

詔迎昌邑王賀詣長安六月入即位旋以淫亂
廢歸國賜沐邑三千戶

宣帝　地節四年五月山陽雨雹大如鷄子入地
二尺五寸墊鳥皆死是年十月大司馬霍禹宗謀反霍后廢

元帝　建昭元年隕石梁國六　五年山陽橐茅
鄉社有大槐吏伐斷之是夜樹復立故地

成帝　河平四年山陽火生石中　陽朔三年隕
石於山陽郡東八

哀帝　建平元年濟陰產嘉禾是年光武帝生於
濟陽官署赤光竟天　四年四月山陽湖雨血

廣二三尺長五尺大者如錢小者如麻子後二年王莽擅朝貴戚大臣多過害是年高平女子田無嗇生子先未生二月兒啼腹中及生不舉葬之陌路三日人過聞啼母掘收養之

王莽始建國元年改山陽為鉅野郡

東漢

章帝 建初二年冬十有二月彗星出婁三度長八九尺百有六日滅占為大人憂後明德皇后崩四年山陽郡地震

和帝 永元二年正月乙卯金木俱合于奎丙寅

水又在婁辛未水金木又在婁奎主武庫兵三星會爲兵喪水
金木在婁亦爲兵又爲匿謀賈氏伏誅之應　八年九月有流星入於
婁

殤帝　延平元年正月丁酉金火在婁金火合爲爍爲大人憂是歲殤帝崩

順帝　陽嘉二年封乳母宋娥爲山陽君帝立與謀故封之　永和六年二月彗星見東方指營室在奎一
度

桓帝　元嘉元年夏四月不雨梁國饑民相食
延熹九年河水清自東郡至濟北國

靈帝　光和五年孛星出奎逆行入紫宮後三出六十餘日乃消　占曰孛除紫宮天下易主

獻帝　初平元年山陽太守袁遺與渤海太守袁紹等起兵誅董卓　興平二年呂布將薛蘭李封屯兵鉅野曹操攻之

晉

武帝　太康元年五月濟陰乘氏木連理　二年夏六月高平大風折木發屋壞邸閣四十四區　四年大水

惠帝　元康五年夏四月有星孛於奎至軒轅太

徵經三台天陵是年魯公賈謐遇禍

東晉

成帝　咸康二年正月月犯房南第二星彗星夕見西方在奎六月辛未有流星大如二斗魁色青赤光耀地出婁中沒婁北占曰五穀分蕪是歲旱饑

穆帝　永和四年五月熒惑入婁犯填星　七年三月戊子歲星熒惑合於奎是年劉顯殺石祗及諸師中土大亂

帝奕　太和元年燕寇兗州陷魯兗州高平數郡

三年夏四月大司馬溫帥師伐燕至金鄉大旱使將軍毛虎生鑿鉅野河引汶會於濟引舟

自濟入運舳艫四百里郎桓溫河詳山水志

安帝　隆安四年二月己丑有星孛於奎長三尺至閣道紫宮西蕃入斗魁至三台太微　義熙三年春正月丙子太白晝見在奎二月熒惑填星太白辰星聚於奎　五年十二月辛丑太白犯歲星在奎占曰會有兵是年劉□滅慕容超於魯

南朝宋

文帝　元嘉二年冬十月丙辰白鳥見山陽太守阮保以聞　七年庚午二月太白犯歲星於奎十二月有流星長二十餘丈赤色有光經奎至

東壁止　十七年七月壬申甘露降高平方三
十里　二十六年白兔見高平

南齊

武帝　永明六年九月癸巳日蝕婁宿九度

北魏

世祖　神䴥三年十二月丙戌流星首如甕長一
十餘丈大如斛色正赤光燭人而自天船
及河抵奎大星及於壁
高宗　太安四年十一月長星出於奎色白魄行
有尾跡變爲白雲

孝明帝　神龜元年分高平置任城郡

北齊

文宣帝　天保七年廢任城縣置高平郡改魯郡爲任城郡　天和三年七月己未客星見房心白如粉絮大如斗長如匹練漸大東行入奎壁婁凡六十九日而滅　占曰兵喪饑旱

武成帝　河清元年龍見濟州潞堂中

後魏

文帝　太和十五年濟州獻三足烏

明帝　熙平元年濟州獻白鹿　正光元年夏四

月濟州獻三足烏

靜帝　興平四年夏五月濟州獻蒼烏

顯祖　景寧三年濟州獻赤雀

隋

文帝　開皇二年改鉅野屬東平郡初屬任城郡　三年

廢高平郡爲任城縣屬兖州　十四年十一月

有彗星孛於奎婁　十五年大水　十六年改

置乘邱縣

煬帝　大業二年庚戌改兖州爲魯郡廢乘邱入

鉅野　三年辛亥正月長星見西方竟天歷奎

婁角亢而没占曰軍盜並起邑落空虛武陽郡上言河水清

二月孛星見於奎

唐

高祖　武德四年徐圓朗反據任城自稱魯王是年以縣置麟州復置乘邱　五年徐圓朗平罷兖州麟州廢隸鄆州

太宗　貞觀元年省乘邱入鉅野　二年三月戊中朔日蝕在婁十一度　十一年五月丙戌朔日蝕在婁三度

高宗　永徽元年春正月至夏六月濟州河清六

十里　五年三月辛亥日蝕在婁十二度六月

濟州河水清　總章元年大旱

武后　長安二年三月壬戌朔日蝕在婁十度

中宗　神龍二年夏五月旱饑

元宗　開元四年夏蝗食稼聲如風雨　十二年

八月大水　十七年詔封孔子弟子公西赤爲

鉅野侯　二十年大水　天寶元年改兖州爲

魯郡帝東封回駕次濟州

肅宗　乾元元年復改魯郡爲兖州　三年四月

彗星見於婁

德宗 貞元六年閏三月熒惑犯鎮星在奎

憲宗 元和六年三月戊戌有流星大如斛墜兗郡聞聲震數百里野雉皆雊所墜之上有赤氣如立蛇長丈餘至夕乃滅 十五年三月鎮星太白合於奎占曰內兵 二月熒惑鎮星合於奎占曰主憂

穆宗 長慶三年八月丁酉有流星大如數斗起西北經奎婁東南去月甚近迸火散落墜地有聲 四年 雨壞城郭廬舍殆盡

文宗 太和元年大水 四年大雨壞城郭廬舍殆盡 開成五年秋螟蝗害稼

武宗　會昌四年八月有大星如炬光燭天地館

奎婁掃西方七宿而隕

宣宗　大中六年水害稼

懿宗　咸通五年彗星見於奎　九年正月彗星

見於奎

五代

後唐

明宗　天成二年六月兗州進三足烏

後晉

高祖　天福六年九月上鄆州奏河水東流闊七十

里

後周

太祖 廣順二年置濟州於鉅野任城屬之自此任城始屬濟州

宋

太祖 建隆元年春正月甲子太白犯熒惑於婁

二年秋七月濟州河溢 三年春夏大旱濟

州等十餘州苗皆槁蝝生

太宗 至道三年爲廣濟軍分鉅野爲京東路

乾德五年春三月五星如連珠聚於奎婁之次

占曰有德受命大人奄有四方子孫蕃昌從六
鎮星王者以重致天下重福明年真宗誕生
年正月壬寅歲星鎮星太白合於婁白雲起東
方長二丈貫月及畢奎婁　開寶元年正月壬
寅歲星與太白合於婁　太平開國元年兗州
獻金龜　三年秋七月辛巳有星如稱權沒於
婁　八年夏五月河大決滑州房村注澶濮曹
濟諸州浸民田壞居民廬舍東南流入淮　端
拱元年閏五月辛亥有星出於奎如半月北行
而沒　六月辛未赤氣出婁胃天庾占曰倉廩有火災
淳化二年三月癸丑鎮星與歲星合於婁

年正月太白熒惑合於婁　五年八月己酉太白晝出奎婁間東北趨行至濁沒

眞宗　咸平三年河決鄆州王陵埽東南注鉅野壞廬舍甚多　六年六月辛未太白晝見婁胃天廩占田　天禧三年六月乙亥河決滑州歷澶濮鄆濟單至徐州與淸河合浸城壁不沒者四板　慶歷元年九月己酉星出婁如太白有尾跡西行沒於東壁光明燭地　皇祐元年二月丁卯彗出虛晨見東方西指歷紫微至婁凡一百一十四日而沒九月壬子星出閣道遂行至

婁沒有尾跡光明燭地　二年七月己丑星出奎赤黃色西南緩行沒蒼營室　三年八月庚辰星出婁如太白西北速行沒蒼濁　四年九月丙午星出婁西北速行入濁　五年七月甲辰星出奎如太白速行沒於危　嘉祐三年九月庚午星出婁向南速行至土司空沒　五年六月己未星出婁東北行至濁沒　六年七月己酉有星出婁大如杯赤黃色速行入羽林秋八月丁巳星出婁東北速行至天苑沒

大中祥符四年兗鄆濟蝝生有蟲青色噬齧之

化爲水

神宗　熙寧元年八月甲辰星透雲出虛北如歲星北緩行奎没赤黄　二年十二月己丑入奎

七年三月辛亥乃散　四年二月辛巳濟州大風異常百姓驚恐　七年分鉅野爲京西路

徽宗　建中靖國元年十二月己卯星出婁如金星西南漫流至外屏没赤黄有尾跡光明燭地

四年十二月甲午星出參如杯東南漫流入軍市没赤黄有尾跡光明燭地　五年十二月壬戌星出奎向南急流入倉没青白有尾跡及

三丈光明燭地聲散如裂帛　崇寧五年正月
戊戌彗出西方長六丈斜指東北自奎貫婁入
濁没　占曰主兵喪大饑　大觀二年十二月癸卯星出奎
如盂西北急流入造父没青白有尾跡光明燭
地有聲　四年五月丁未彗出奎婁光芒長六
丈北行入紫微垣至西北入濁不見　宋自高宗南渡濟州各路悉爲金有故徽欽以後志宋而兼志金紀其實也
欽宗　靖康二年金天會四年康王構次於濟州
十一月庚戌星出婁宿西南
高宗　建炎元年金天會五年三月庚辰帝自發

平次濟州　紹興八年金天眷元年五月客星
守婁六月乙巳客星出奎宿占曰爲兵姦天子　十一
年金熙宗皇統元年權移州治於金鄉　十七
年金皇統七年析任城鉅野置嘉祥縣　二十
一年金海陵王亮天德三年徙濟州治於任城
自此濟州始治任城
孝宗　乾道元年金世宗雍大定五年正月庚午
其夜白氣星出婁宿漸上經婁胃昴貫畢入參
宿內止　九年金大定十三年三月辛酉辰星
與塡星合於婁　淳熙元年金大定十四年正

月丁未辰星與填星合於奎七月辛亥奎宿生芒

光宗　紹熙三年金章宗明昌三年四月戊子填星與歲星合於奎　四年金明昌四年二月丁酉填星與太白合於婁

寧宗　慶元元年金明昌六年四月丁酉太白晝見於奎北凡十有六日乃滅六月丙申歲星見於奎凡百有一日乃滅　二年金承安元年九月丁巳星出奎宿向壁壘陣沒赤白色大如太白　開禧二年金泰和六年八月有流星如太

日起於婁　嘉定四年衛紹王大安三年山東河北諸路大旱　七年金宣宗珣貞祐二年濟州陷於冠翰林應奉李演死之

理宗　紹定二年金正大六年正月丁亥熒惑與歲星合於婁　五年金大興元年六月己丑歲星熒惑與塡星合於婁

元

世祖　至元六年復徙濟州於鉅野以任城爲屬　八年升濟州爲濟寧路總管府治任城尋還府治鉅野　十二年復立濟州治任城屬濟寧

府廢任城縣　十三年雲南行省平章賽典赤始建明倫堂圖下其式於諸路　十四年夏六月雨水平地丈餘傷稼　十五年遷府於濟州以鉅野行濟州事是年又以府治歸鉅野而濟州仍治任城明年升府爲路　十七年八月濟寧路大水平地丈餘傷稼　二十三年本路創立錄事司公廨是年復置任城縣隸濟州　二十六年濟寧等路霜雨傷稼是年三月太陰犯婁　二十八年正月太白熒惑塡星聚於奎

成宗　元貞元年濟寧路大水　二年六月蝗

大德元年妖星出奎　五年夏六月饑　十年
三月大饑是年加封
孔子大成至聖文宣王刻石學宮
武宗　至大元年春二月辛卯濟寧路大饑　七
月雨水平地丈餘暴決入城漂沒廬舍死者十
有八人　二年七月蝗大饑　四年秋七月大
水
仁宗　皇慶元年繪素從祀諸賢像　三年春三
月隕霜殺桑　六年大水　延祐元年閏三月
霜殺桑無蠶　二年詔天下學校皆建尊經閣

六年六月大水傷稼秋八月饑

英宗　至治元年正月太白熒惑塡星聚於奎三

月亦如之

泰定帝　泰定元年夏六月濟寧路蝗是月淫雨

水深丈餘漂沒田廬

明宗　天歷元年霖雨傷稼　三年五月蝗　至

順元年閏七月詔加

孔子父母及顏回曾參孟軻程顥程頤封爵是年濟寧

路總管府徐　令主簿樊遜續修麟鳳亭於縣

治北　三年夏蝗有蝝蝝食桑盡匿土中人莫

能捕五斤大水
文宗　至順二十六年春二月黄河北徙民皆被
害
順帝　元統二年正月大水饑　三年詔修廟學
四年夏六月濟寧路大饑人相食　至元三
年詔修尊經閣　四年詔重繪從祀諸賢像五
月河决白茅鄆城濟寧路幾爲巨浸命賈魯治
之　至正二年夏六月大水傷稼人相食　四
年河决曹州濟寧路大水　五年七月河决濟
陰濟寧路大水漂毁官民亭舍殆盡　六年山

東盜起蔓延濟寧路　八年辛亥河決徙濟寧路於濟州二月以河水爲患於濟寧鄆城置行都水監以賈魯爲都水　九年正月立山東等處行水監專治河患　十一年十一月中書行省於濟寧路十一月孛星見奎又見於婁　十三年正月大白辰星聚於奎　十六年四月以知樞密院事實理門分院濟寧路　十七年正月命山東分省團結義兵每州添設判官一員每縣添設主簿一員專率義兵以事守禦命各路達魯花赤提調聽宣慰　節制二月韓林兒陷

毛貴陷山東各路七月鎮守黃河義兵萬戶田豐叛降於韓林兒陷濟寧路實理門遁義兵萬戶孟本周攻豐敗走十二月詔諭濟寧路李秉彝田豐等令出降叙復原職　十八年二月壬午田豐等復陷濟寧路　十九年九月濟州河決　二十四年明吳元年大將軍徐達等兵下山東取濟寧路　二十六年春三月黃河溢泛濟寧路漂沒田廬百十餘萬　二十七年十二月戊申明兵收濟寧路守禦濟寧總裁滋陽曲泗兗鄆曹沛諸郡知江淮等處行樞密院事陳

秉直遁

明

太祖洪武元年戊申改濟寧路爲府徙治任城
二年己酉立功臣廟徐達居首是年並詔封
天下縣城隍爲監察司民顯佑伯　三年置風
雲雷雨社稷城隍壇　四年縣丞陶文仁因舊
社重建學宮於城北後縣丞呂讓因水患移置
縣治東門　七年河溢鉅野水深四丈餘漂沒
田廬無算是年詔去城隍封號改稱本縣城隍
之神　九年縣丞呂讓重建縣署始遷茲地

十四年詔行賦役黃冊法　十五年頒臥碑於
學宮始建縣學　十八年降濟寧府爲州鉅野
縣仍隨州隸兗州府是年太傅魏國公徐達卒
二十四年河決原武會通河淤
惠帝　建文二年十二月燕兵掠濟州邑人震恐
成祖　永樂九年命工部尚書宋禮等開濬會通
河用濟寧州同知潘叔正之言也
英宗　正統四年重修縣署於治東不詳其人　六年兗
州諸屬蝗　十一年改定陶曹縣屬曹州濟寧
領縣三鉅野與嘉祥鄆城隸分守東兗道

宣宗 宣德二年封靖王嫡弟二子泰𡎺為鉅野王 三年知縣趙賢重修學宮

景帝 景泰元年調濟寧左衛於臨清所管河道以鉅野與嘉祥代之 三年兗州久雨傷稼 五年正月太白歲星合於奎是年八月兗州大水河漲渰田 七年三月太白熒惑合於奎

英宗 天順二年四月兗州蝗

憲宗 成化三年二月太白犯婁 四年築彭子山堧障大薛湖許山水志運河是年夏四月鉅野地震有聲如雷 五年嗣封信順子陽鏊為鉅野王

六年大旱　八年旱運河水涸　九年春三
月旱大風紅光燭地有頃晝晦如夜踰二時乃
霽
孝宗　宏治六年四月兖屬地震有聲　十二年
黃河南徙邑被害　十五年九月兖屬地震傾
壞城垣民舍
武帝　正德元年嗣封恭定子當涵為鉅野王
六年辛未流賊劉六劉七等縱橫山左壽流各
郡州縣十一月攻鄆城邑人戒嚴知縣牛鸞極
力守禦得以保全　七年壬申知縣余守觀以

城址過曠難於防守詳請割西北之半移建東
南
世宗　嘉靖二年旱運河水涸　三年鴻臚寺左
少卿宋宗重修東南隅古刹觀音寺殿宇即今
大佛寺　九年十月更定孔廟祀典尊孔子爲
至聖先師　二十二年運河水涸　二十五年
運河水涸　三十二年河溢運道淤大饑人相
食　三十三年有年　三十四年地震　三十
六年丁未懷州白蓮教首楊惠與其徒妖僧會
金煽惑愚民商大常田貴輩至數百人攻掠鉅

野廷撫何騰蛟調集官兵親臨督剿甫二十九日
平是年嗣封端藩子觀熚爲鉅野王堯諭惠縈
撫子以端藩王次子鎮國將軍觀光奉勅管理
府事　三十九年大饑　四十年大水　四十
一年蝗蝻自問退行抵婁　四十四年七月河
決沛縣逆流至曹縣唐林集下分爲二散漫湖
陂浩渺無際河變至斯爲極
穆宗　隆慶三年邑人重修火神廟　五年大水
十六年運河水淺山東巡撫李戴及總河給
士中常居敬會題請台祈禱太山旋得大雨

神宗　萬歷五年六房火　十八年庚寅知縣殷
汝孝纂修邑志　十九年三月西北有星如彗
歷胃室壁入婁　二十一年五月大水　二十
七年八月熒惑犯婁　二十九年秋七月大水
三十五年夏五月雨雹大如鷄子　三十六
年王丸壽妻王氏生男如靛色三目一在額上
豎生鉄唇斷指如繪塑鬼物之形　三十七年
王朝鳳妻一産三男　三十八年熒惑退行婁
次　三十九年蝗　四十年蝗　四十三年丙
辰春夏旱蝗大饑民相食骨肉不相保聚流亡

載道是年知縣呂鵬雲倡修邑志未梓奉召北征　四十四年蝗蝻冰雹　四十六年知縣呂鵬雲在任瑞麥嘉禾同年並見　四十七年蚩尤旗見東方　四十八年三月三日大風晝暝

熹宗　天啓元年知縣呂鵬雲捐置學田四頃壹拾貳畝　二年壬戌地大震城圮過半五月蓮匪徐鴻儒以妖術煽衆數千攻鉅野焚西南關民舍知縣趙延慶亟繕壞雉團練鄉勇城池獲全　三年癸亥知縣方時化刻呂鵬雲所修縣志告成

莊烈帝崇禎八年乙亥知縣井濟因流賊之變
修濬城池以資捍禦　十四年至十六年蝗蟲
遍野兼瘟疫盛行饑饉相仍民人父子兄弟夫
婦難顧感義炊骨而食土寇蜂起路斷行人
十五年壬午冬十有一月我
大清兵進下畿南山東州縣
國朝　互見恭紀志
世祖章皇帝順治元年甲申定直省府州縣每歲於正月
十五日十月初一日舉行鄉飲酒禮
命戶部侍郎王鰲永招撫山東檄至士民翕然歸順

總河楊方興平嘉祥滿家硐賊鉅野民得安堵
九年　頒臥碑於學宮是年九月二十一日
聖駕臨雍釋奠
召衍聖公及孔顏曾孟仲五博士及其族人赴京陪祀
觀禮　十一年豁免順治六七兩年山東民欠
地丁本折錢糧　十三年又免八九兩年民欠
是年戶部覆准山東額外荒地每十里設一官
借給資本三年償還後照熟地例起科　十四
年定賦役全書經制條例
聖祖仁皇帝康熙元年壬寅大赦　三年豁免山東順治

十五年以前民欠錢糧六年又將十六七八等
年各項民欠盡行蠲除　七年夏六月十七日
戌時地震邑境民屋坍塌甚多是年總兵楊智
奉
旨帶領官兵墾荒鉅野受地四百一十九頃五十餘畝
有零　八年蠲免康熙元二三等年實在民欠
十年蠲免康熙四五六等年　民欠錢糧　十
八年　頒
聖諭十六條於直省各州縣衛學　二十三年孝子
聖駕東巡黎民擁馬瞻拜　命詞警者弗禁　二十四年

乙丑奉

旨解送原任四川巡撫宋滄兵靖川番彝巡圖手著彙

忠定議並有臺文稿十卷卽

諭發帑建祠致祭

恩賜奉祀生　二十五年普免山東地丁錢糧　二

十七年頒

御製顏子曾子子思孟子贊立石學宮　二十八年　頒

御製平定準噶爾告成太學碑文　二十九年奉文直省

州縣各置預備倉　三十四年普免山東漕糧

三十六年普免山東應征漕米　四十年縣令

章宏重修聖廟及兩廡並崇聖名宦鄉賢三祠
兼創建義塾　四十一年及二年霪雨爲災田
禾淹没又兼疫癘流行死亡逃散不計其數奉
旨派世襲精奇尼哈番夏襄元原任浙江巡撫線一信
戸部貴州清吏司何紳佐領廣格馳驛來鉅會
同知縣章宏賑濟饑民邑慶重生紳民立有萬
民感戴碑是年
聖駕東巡道經鉅野舟中錄朱子句並唐人詩　賜知縣
章宏　四十二年以班匠銀攤入地畝　四十
三年普免山東地丁銀米是年　頒

御製訓飭士子文至儒學　四十四年普免山東地丁銀
四十五年普免山東省歷年民欠銀一百六
十九萬一千七百兩有奇糧五千九百石有奇
四十七年戊子知縣章宏續修縣志告成
五十二年普免山東地丁銀是年奉
恩旨人丁以五十二年爲常額續生人丁永不加賦　五
十五年　頒發中和韶樂至儒學　六十一年
縣民史偏妻一產三男
世宗憲皇帝雍正元年癸卯
命改啓聖祠爲崇聖祠追王

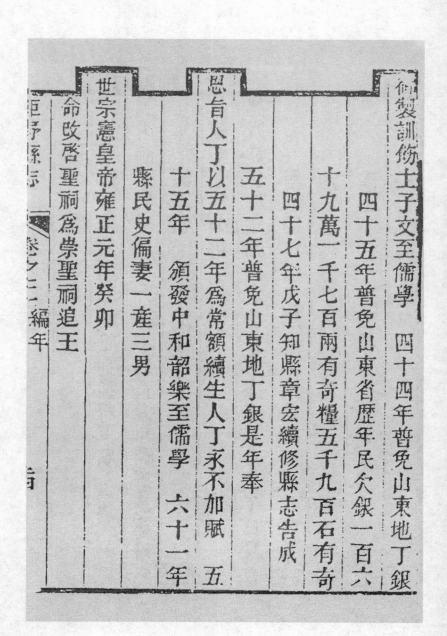

先師孔子五代　二年
詔建忠義孝弟節孝二祠並劉猛將軍廟　頒
聖諭廣訓至儒學是年升濟寧為直隸州鉅野為屬增學
額二名　三年追
封關聖三代公爵
詔以錢糧耗銀歸公定各官養廉春正月庚午日月合
璧　四年以丁賦攤入地畝春三月知縣蔡陽
廒新建忠義孝弟祠是年十二月癸酉黃河澄
清上下一千三百里前後三日為從來未有之
瑞春二月

諸直省州縣建先農壇行耕耤禮　八年濟寧仍隸兖州府以鉅野屬曹州直隸州　十年六月庚午新城保李姓家牛産麒麟　十一年義學圮秋九月知縣廖開春重新之　十二年知縣廖開春詳請開濬豬水河工落成並建修普濟堂於城東　十三年陞曹州爲府鉅野爲屬是年知縣廖開春捐置普濟堂義田地二頃三十畝於獲麟保

高宗純皇帝乾隆元年丙辰大赦大有年　二年有黑風從西南來晝晦　五年　頒十三經二十一史

至儒學　六年　頒上諭及四書文明史至儒
學　七年　頒禮器樂器舞器於學宮　八年
頒
世宗憲皇帝上諭一部及樂器至儒學　九年　頒學正
全書至儒學並各廟祭文　十年普免山東省
錢糧　十一年　頒周易折中性理精義書經
傳說彙纂詩經傳說彙纂春秋傳說彙纂至儒
學　十二年大饑　十三年春饑普免山東地
丁銀三月
聖駕東巡　頒明史綱目三編至儒學　十四年己巳冬

知縣宋容極續修文廟大成殿　十五年奉文
改預備倉爲常平倉是年知縣宋容極續修文
昌祠　十八年冬十月知縣宋容極更義塾爲
鄆川書院　二十年　頒
御製平定金川碑文至儒學　二十四年　頒
御製平定伊犂及三禮義疏至儒學　二十五年　頒
大清律例督捕則例至儒學　二十六年　頒鄉會墨
選二部至儒學　三十年
聖駕東巡　三十一年普免山東漕米　三十四年改安
輿墓巡檢於菏澤沙土集　三十七年歲考廣

文童額以前無考　三十八年普免山東地丁錢
四十年乙未秋邑城南十里許吳家集隕星
一入土化為黑石　四十一年
聖駕東巡是年科試廣文童額　四十二年邑人重修節
孝祠　四十三年普免山東省錢糧　四十九
年
聖駕東巡　五十年知縣劉葆萓建奎星樓於城之東南
五十六年知縣劉葆萓請帑修城　六十年
普免山東應徵漕糧是年元旦日食上元月食
知縣陳震詳修普濟堂

仁宗睿皇帝嘉慶元年丙辰大赦歲考廣文童額　二年科考廣文童額　五年科考廣文童額　十一年撫憲長　奏請將鉅野汎把總撥歸范縣范縣營守備移駐鉅野改爲鉅野營　十三年知縣崔起龍建文昌閣於城之東南　十六年知縣張荃詳修監獄　十八年癸酉夏旱瘟疫傷人十之三四米價騰踊民艱於食秋八月邑匪馬朝棟張見木等勾結各縣教匪聚衆倡亂曹州鎮總兵劉清帶兵來縣督捕會同知縣王朝恩招募義勇勸撫兼施從逆張見木馬朝棟趙

登三刑化鵬孫斗南孫大景孫二景靳成閣于
麥及餘匪三十八人同時伏誅脅從解散城邑
獲全 十九年甲戌歲大饑總兵劉清詳請賑
恤民賴以生知縣王朝恩重修麟川書院 二
十年瘟疾傷人十之二三 守備夏 詳請添
設營兵一百五名 二十四年普免山東援年
民欠正耗銀米
今上道光元年辛巳大赦科考兩廣文童額是年秋旱時疫
傷人十之三四 二年壬午年知縣劉敦挈獲從
逆數首張渢廷伏誅夏大水入城禾稼盡淹詳

請續修普濟堂　三年癸未知縣劉敦箏獲誅逆餘匪孫自道狄鼎等讞定發遣給回城大小伯克爲奴夏大水　四年甲申四月朔五星聚奎是年秋旱　九年己丑夏四月地震有聲如雷至夜復震　十二年辛卯大水是年邑人重修文廟　十三年壬辰署知縣侯紹堂奉憲飭拏教匪楊本立張欽若等一案　十五年甲午普免山東省十年以前積欠錢糧閏六月蝗　十七年丙申守備阮熙因弁兵不敷防守詳請抽撥經制外委一員汎兵二十名駐觀音集秋

七月蝗　十八年戊戌春三月巡撫經　按臨
鉅野校閱營伍夏四月奉憲飭拏教匪邵辰沈
佰嶺案內之子第二韓拼頭等讞定發遣給回
城爲奴六月蝗知縣黃　躬率鄉民撲捕禾稼
獲全　十九年己亥秋穀穗雙歧有年冬瑞雪
頻降　二十年庚子春麥秀雙歧二月壬戌朔
日食丙子望月食七月初四日舉行賓興筵宴
　十八年至二十年知縣黃　續修縣志未峻
鄧事至二十六年知縣袁　接修告成並捐修
尊經閣

【民國】續修鉅野縣志

郁濬生修　畢鴻賓纂

民國十年（1921）刻本

編年志清道光庚子至民國庚申祥異附　賑捐附

賑捐舊列恭紀志民國肇造例應删去恭紀一門特附入於此

道光

二十年庚子歲稔

二十三年癸卯正月朔日食

二十七年丁未旱饑

三十年庚戌正月朔日食　三月十七日申時雷電雨雹　九月二十四日天鼓鳴　是年歲試預恩廣縣學額七名

咸豐

元年辛亥河決盤龍集難民流亡於鉅境甚夥

二年壬子鄉試中式三人武會試獲大魁狀元及第

為從前所未有

三年癸丑三月初七日大雪　初八子時地震　是

年恩廣縣學額

四年甲寅二月十四日大雪　粵匪偽丞相黃生才

曾立昌等十五日入山東二十四日縣城失守邑侯

朱公殉難典史孫公端坐獄門外罵賊不屈死事詳

職官志　四月賊由臨清州敗回入境又傷數十人

由是土匪蜂起闔邑奉憲札倡辦團練　是年邑
侯陳諭邑民男女過十三歲即娶嫁不准用轎及
鼓樂
五年乙卯六月河決銅瓦廂水趨濮范支流由菏境
雙河口侵入趙王河濟河清水漫溢縣境　是年
邑紳唐守忠王孚等開懇湖田
六年丙辰元旦日食　初三日大風日中有黑子
夏旱　秋七月蝗蝻生　是年土匪任小鬼刼獄
殺人放囚若干名
七年丁巳大祲糧價騰昂餓死人無算

八年戊午八月間彗星見　十一月皖匪孫葵心等
入山東鄉鉅鄉團迎戰於獨山集窪陣亡數百人
詳團練忠節錄
九年己未元旦日食上元月食　二月初八日亥時
地震　十一月初八日辰時雷鳴　十二月二十
七日夜大雪
十年庚申二月朔大風霾　五月彗星見　九月上
旬皖匪分股大舉十五日團練迎戰於汶南國家
廟陣亡數百人詳忠節錄　十一月十四日僧忠親
王統軍駐縣十五日擊賊於金境葛山之西官軍

失利副都統格鴻額陣亡十六日官軍自獨山退守長溝　十二月賊踞大田集盤桓逾歲時大雪避亂者流離辛苦不可名狀　是年鄉村始築圩自守名曰寨

十一年辛酉正月僧忠親王勦匪小留集失利十三日王師過境而東月杪賊破六營姚莊張樓單海唐屯馮莊六砦　二月初七日副都統伊興額會同總兵滕家勝過縣而北擊賊於東平俱失敗而殉　四月朔曹州會匪起　初八日大雨雹皖匪自安山竄過縣境初十日住金山一宿而去二十

五日會匪自西南來鄆鉅兩縣團長稟請王師擊匪於鄆南連敗之　五月初旬僧親王大敗會匪於縣城西歷戰皆捷賊屍遍野十八日王師駐紮龍堌（詳口碑志）二十四日彗星見北斗之次月餘始滅　六月會匪勾通谷亭賊不時往來　七月十五日南匪李嘉英趙浩然等陸續過大義集而北　八月朔日趙浩然胡四過境折東南圍宋家山寨五日乃解而北　九月會匪自坡東敗回　十月初五日金山大火燒毀文昌魁星二閣書院觀稼諸亭及古栢若干株

同治

元年壬戌五月十三日大雨雹　七月十五日彗星見至八月中旬始滅　十二日皖匪破嘉邑滿家硐砦僧親王以鋭騎勦逐縣境幸免　是年歲試

恩廣縣學額

二年癸亥僧親王以次剿平諸處叛逆民生漸甦

四月初二日縣之南鄉雨雹

三年甲子十一月初四日大雪

四年乙丑正月十三日雷電交作雜以雪雹　二月皖匪突至統帶楊飛熊戰於安興寨外官軍以兵

少失利三月十一日大雨淹麥　四月皖匪自運河西折僧親王於二十四日趕至葭密寨以失利殉難人情洶洶如失所天　六月大雨連綿平地水深數尺　七月初五日烈風拔樹捐傷禾稼無算　九月皖匪竄擾湖團邑人屯官唐守忠與其次子文生錫彤俱罵賊不屈死　是年劉銘傳帥師至

五年丙寅二月二十四日夜皖匪小門王破太平集寨盤踞數日始去未幾任著又自北突入太平殺傷甚衆　三月初旬髮逆牛二紅任著等圍觀音

下張家莊寨弗克初七日賊攻沙窩寨龍堌寨幾
陷廩生王珙稟請銘軍擊賊於龍堌西寨門外日
暮大雨而罷　四月河決紅船口　八月中旬至
十一月中旬南匪不時往來擄掠人畜無算
六年丁卯河決濮境孫家莊鉅境徐家海北盡水
是年以前民欠概予豁免
七年戊辰二月二日大雪三日夜
八年己巳春旱　夏飛蝗食禾幾盡
九年冬牛受瘟疫死者甚衆
十月辛未春旱至四月之杪始雨　八月初旬沮河

東岸之侯家林決口　是年牛復病死過半

十一年壬申正月初六日巡撫丁堵築侯家林決口飭兗曹兩屬出楷料鉅野爲重三月初九日合龍

三月朔日雹雨交作人有被震死者

十二年癸酉四月初四日酉時大風雨雹　六月黄水自鄆侵鉅二十四日河決蘭口注雙河口東北入趙王河又東趨劉家長澶境內被水者約十之七

十三年甲戌春旱　四月十八日雨雹　六月二十日彗星出婁歷奎長丈許逆行入紫微垣兩月乃

滅　是年夏秋多雨牛病瘟

光緒

元年乙亥元旦大風霾　二月十八日午刻有紅風目西北起火光燦爛彌變還如晦移時始息　三月十四日賈莊合龍即蘭口決口自賈莊下游十里鋪築堤二百餘里安營守汎水患始平丁文成公之力也　是年恩廣縣學額

二年丙子春夏旱土匪截刧路斷行人

三年丁丑春米價昂貴民有饑色　夏秋大旱邑侯畢公會同紳士魏鑾等廓修麟川書院增考棚三

十楹講堂五楹靜舍六間崇露臺大門儀門經始
於七月既望至嘉平月告竣詳碑志　是月官紳
會議酌定文武新生入學年貌規禮歲試共制錢
八百千文武分納科試制錢四百千勒之石永著
爲令
四年戊寅書院落成官紳議抽入櫃耗羨銀作書院
經費每歲輸制錢三百千勒石永著爲令　諭修
書院紳董運新聖廟暨文昌諸祠
五年己卯元旦日烈風終日　六月十五日大雨如
生淹傷禾稼

六年庚辰五月十五日月食既　秋七月旱自七月
至年除無雨雪
七年辛巳八月霪雨逾旬損壞民舍無算　九月二
十一日酉時黑風草木有火光
八年壬午三月二十五日大雨雹縣西南境麥禾淨
盡次日午前復雨雹　四月朔酉刻日食如簾鈎
秋八月有星似白練一道上闊下窄至九月始
滅
九年癸未秋大水
十一年乙酉八月二十二日申時風雨大作雹如羊

東 十月二十一日夜天星奔流數丈而滅移時方見

十二年丙戌正月朔寅時立春志異也

十三年丁亥春麥有虫歉收 四月十八日撫軍張公按臨查問利弊尤以保甲學校爲切務

十四年戊子正月初十日飭樹電報綫杆六十步一科東接嘉祥西遞首縣 三月結霜麥多不實 五月初四日地震 秋大水歲歉 九月初九日戌時風雨雷電交作

十五年己丑春饑米價甚昂

十六年庚寅自五月初八日至六月初八日大雨連綿　秋多瘟疫

十七年辛卯六月永豐塔聖泉水澈夜明如月照把注盆中不變連明三四夜識者以為文明之兆韓果連發數科　八月中秋徹夜大雨如注井口半沒

二十年甲午四月初三日撫軍福公按臨閱兵　六月十八日菏澤悍匪王朋率夥賊陷龍堌防營殘殺兵勇十七名　九月初九日幇帶李榮枝擊賊於陶境谷家菴擒斃首從甚衆　七月馬王廟鐵

磬生花

二十一年乙未二月王朋餘黨勾串夥匪期於西方豎旗起事因雪阻不果尋爲防營勦辦陸續解散

二十二年丙申六月初八日陳統領大勝疾終濟寧寓館　八月部議准於該防建立專祠　是年邑矦許公建修天后宫

二十三年丁酉五月上旬黄昏時有大星如卵其赤如火自天而墜到半空麗分爲二各大十圍照耀如晝將及地復合爲一　九月盗殺德意志教士二人於獲麟保磨盤張庄致起交涉　初借青島

以和　十月邑侯許公延諸紳儒續修縣志未竟
其功挑濬縣境豬水河
二十四年戊戌秋大水淹沒禾稼無算　是年考試
革去八股以論策義取士
二十五年己亥三月二十五日戌刻地震有聲丑刻
又震　六月單縣參將岳金棠勦賊被戕邑境復
亂
二十六年庚子五月大刀會起先是土匪猖獗多持
洋鎗搶刼該會遂以妖術惑衆謂可格避槍彈邑
民多信從之是年朝廷誤信會匪抵排洋人影響

所及邑境大刀會咸以仇教爲名糾衆搶刼被害者百數十村京津失守後撫帥袁命軍痛剿始平按大刀會亦名義和拳

二十七年辛丑正月縣主荸傳諭各里長議輸洋教罰欵計應出制錢四萬餘千旋經龍鎮軍解說減三分之二　五月二十七日夜六營保曹家莊衆殺教民六名

二十八年壬寅土匪日盛架人勒贖

三十年甲辰大有年

三十一年乙巳停科舉　麟州書院改建高等小學

堂設巡警局
三十二年丙午春　濟甯道胡建樞移駐鉅城　冬
十一月撫師楊奏調陸建章總辦曹州勦賊事宜
駐龍堌　十二月欽派夏辛酉督辦兖曹勦匪事
宜駐鉅城本縣匪患起自光緒戊子漸釀爲巨寇
動至千百成羣白晝連劫民不堪命經是年痛勦
漸就敉平　設縣視學籌辦初等小學堂
三十三年丁未督辦夏辛酉設淸鄉局抽查遺匪一
年蔵事
三十四年戊申旱麥秋皆不收　是年設平糶局縣

主王請准發賑捐銀三千元

宣統

元年己酉春牛瘟　秋蟲生徧野苗禾有食盡者

是年復開拔貢場後永停

二年庚戌夏六月大雨苗禾淹沒殆盡　秋彗星三見　麥不得播種　冬大雪深數尺　設諮議局爲選舉議會之始

三年辛亥山西河南大饑　八月民軍起義　十月淸室退位公舉袁世凱爲臨時大總統號中華民國改暘曆　是年縣議會成立

民國　按民國改陽曆編年仍用舊曆取便於記覽

元年壬子　歷裁知府守偹教官縣丞主簿通判州判典史各缺改兖沂曹濟道爲岱南道旋改爲濟甯道　二月土匪郭景山等由湖團分道竄入合縣洞洵曹鎮張善義帥千餘人力戰大破之匪仍自舊道竄回　是年冬曹鎮施從濱第五師營長王康福駐鉅勦匪　建設實業小學堂

二年癸丑春大饑　二月以守偹署改建苦工場係施單門勦匪罰款所修　八月添設管獄員　加學款附捐每畝銅元一枚　是年籌設女學校

三年甲寅夏土匪復燃兗州道孔慶堂帥師駐鉅
冬取消縣議會　是年加濮陽河工捐正供十分
之一
四年乙卯九月成立保衛團加畝捐銅元一枚
五年丙辰擴充保衛團復加畝捐銅元一枚　購領
九響毛瑟鎗
六年丁巳土匪復起　秋大水棠發賑捐二千元公
議修劉家長潭堤以工代賑
七年戊午春土匪四起路絶行人春季丁糧概未完
納　夏以保衛團改警備隊購領三十年式鎗二

百枝　五月二十混成旅第一團團長王裕經駐
鉅　六月大水苗禾盡淹自濟寧至鉅舟楫遍行
七月土匪聚金山圍大舉北破肥城　八月敗
歸　九月縣長王令春季欠粮一律帶征
八年己未春正月設清鄉局
九年庚申春設續修縣志事務所　三月奉文裁濮
陽河工捐　四月西關廟石橋五座郁縣長派孟
紳廣業同時修築　九月十六日月食既

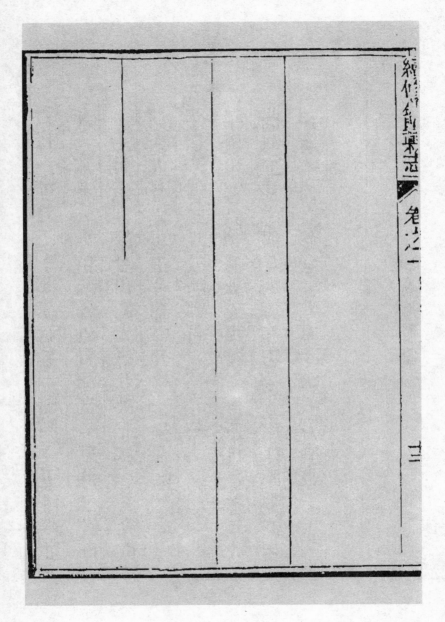